青少年灾难自救丛书
QINGSHAONIAN
ZAINAN ZIJIU CONGSHU

地动山摇

姜永育 编著

四川教育出版社

图书在版编目（CIP）数据

地动山摇/姜永育编著. —成都：四川教育出版社，2016.10

（青少年灾难自救丛书）

ISBN 978-7-5408-6677-8

Ⅰ.①地… Ⅱ.①姜… Ⅲ.①地震灾害－自救互助－青少年读物 Ⅳ.①P315.96－49

中国版本图书馆 CIP 数据核字（2016）第 244991 号

地动山摇

姜永育　编著

策　　划	何　杨
责任编辑	邓　然
装帧设计	武　韵
责任校对	王立戎
责任印制	吴晓光
出版发行	四川教育出版社
	地　　址　成都市黄荆路 13 号
	邮政编码　610225
	网　　址　www.chuanjiaoshe.com
印　　刷	三河市明华印务有限公司
制　　作	四川胜翔数码印务设计有限公司
版　　次	2016 年 10 月第 1 版
印　　次	2021 年 5 月第 2 次印刷
成品规格	160mm×230mm
印　　张	9
书　　号	ISBN 978-7-5408-6677-8
定　　价	28.00 元

如发现印装质量问题，请与本社联系调换。电话：（028）86259359

营销电话：（028）86259605　　邮购电话：（028）86259605

编辑部电话：（028）86259381

2015年4月25日14时许,一场8.1级大地震降临山地之国尼泊尔。一时间地动山摇,房屋垮塌,成千上万人被埋在了废墟下面。

与死神赛跑!在地面救援全力展开的同时,废墟下面的幸存者也积极自救,不少人战胜死神成功逃生,其中一名叫巴尔马的青年被埋82小时后获救,他的自救经验值得我们借鉴——

大地震发生时,巴尔马刚刚在加德满都的一家酒店吃完午餐,正当他付完钱准备走出酒店时,房屋猛烈摇晃起来,整个酒店楼房一下坍塌,巴尔马来不及逃跑,当场被压在了废墟下面。

最初的一阵恐慌过后,巴尔马渐渐冷静下来。此时,他眼前的世界一片黑暗,周围全是断裂的钢筋和水泥板。刚开始,他尝试着推开那些水泥板逃生,然而很快便发现所做的一切都是徒劳的,他不得不停下来,静静地等待救援的到来。

第一天过去了,第二天过去了。第三天,巴尔马又饥又渴,由于脱水,他的指甲和嘴唇全都变成了白色。"我会不会就此死去?"恍惚之中，他一遍又一遍地问自己。"不，你的人生才刚刚开始，一定不能屈服于死神的魔爪！"心底有个声音坚定地告诉他……巴尔马振作精神，为了缓解脱水症状，他把自己的尿液收集起来喝掉，同时每隔一段时间，便用手指敲击周围墙壁，以引起外面救援队的注意。

4月29日凌晨，巴尔马敲击墙壁的声音终于引起了地面救援队的注意。经过一番施救，被埋废墟下82小时的他得以重见天日！

巴尔马成功获救的事例告诉我们：一、被埋在废墟下面时，一定不能丧失求生的信念，要对获救充满信心；二、要想方设法维持自己的生命体征（比如喝尿液、啃食能找到的一切食物），不让自己脱水或饿昏；三、要积极想办法，对外传递营救信息（比如敲击墙壁、发出声音等等）。

以上这起事例，只是地震自救逃生的冰山一角。如果你想了解更多的地震逃生知识，那就赶快翻开本书吧！

科学认识地震

共工撞出的地震 …………………………………………（002）
地球自身不和谐 …………………………………………（004）
认识地震大家族 …………………………………………（006）
都是月亮惹的祸 …………………………………………（009）
地震搬山运石 ……………………………………………（011）
衡量地震的标准 …………………………………………（013）
伤亡最大的地震 …………………………………………（016）
地震制造小岛 ……………………………………………（019）
地震制造火焰山 …………………………………………（021）

关注地震前兆

诡异的声音 ………………………………………………（024）

奇怪的红光 …………………………………… (026)

神秘的地磁 …………………………………… (027)

怪异的大风 …………………………………… (030)

突发的大雨 …………………………………… (032)

反常的井水 …………………………………… (034)

报信的植物 …………………………………… (037)

鱼儿跳舞须提防 ……………………………… (039)

老鼠胆大必有因 ……………………………… (041)

家畜反常要小心 ……………………………… (043)

地震逃生自救及防御

不要盲目往外跑 ……………………………… (048)

公共场合要冷静 ……………………………… (050)

救命的桌子 …………………………………… (052)

挡住死神的拐角 ……………………………… (054)

保护好你的头部 ……………………………… (056)

他教会学生逃生 ……………………………… (058)

学校逃生要诀 ………………………………… (060)

山体滑坡两侧跑 ……………………………… (063)

遇泥石流向上跑 ……………………………… (064)

堰塞湖下快转移 ……………………………… (067)

废墟下的十三个日夜 ………………………… (069)

废墟下的读书声 ……………………………… (072)

吃青草和蚯蚓保命 …………………………… (074)

废墟下发出救命短信 ………………………… (076)

自断小腿保性命 ……………………………… (078)

相互鼓励很重要 …………………………………… (080)

团结就是力量 ……………………………………… (082)

全力施救不放弃 …………………………………… (084)

拯救生命的水 ……………………………………… (086)

震不垮的碉楼 ……………………………………… (088)

抗震好的房屋 ……………………………………… (090)

重视反常现象 ……………………………………… (092)

破除地震谣言 ……………………………………… (094)

拯救生命的奇迹 …………………………………… (096)

监测地震的仪器 …………………………………… (099)

预报地震的仪器 …………………………………… (102)

地震逃生自救准则 ………………………………… (105)

地震灾难警示

旷世奇灾——郯城大地震 ………………………… (108)

人间悲剧——通海大地震 ………………………… (111)

惨绝人寰——唐山大地震 ………………………… (114)

举国齐殇——汶川大地震 ………………………… (118)

悲惨遭遇——墨西哥大地震 ……………………… (121)

震荡高加索——亚美尼亚大地震 ………………… (125)

高原巨震——印度大地震 ………………………… (129)

奇迹之震——美国大地震 ………………………… (132)

科学认识
地震

共工撞出的地震

好端端的,突然之间地动山摇,房屋垮塌,这是怎么啦?

糟糕,地震了!

在中国古代,认为地震是一个叫"共工"的神仙造成的。共工是掌管四海之水的水神,他和一个掌管世间万物火源的大神——祝融,为了争夺江山,打得不可开交。

祝融根本不是共工的对手。不过,在经历了若干次失败之后,祝融不但不认输,反而复仇的怒火更加炽烈。经过长达三天的冥思苦想,他终于想出了一条厉害的毒计。有一天,他主动去向共和示好:"共工大哥,咱们打了这么多年,我败得一塌糊涂。现在我认输了,以后咱们和好吧?"

"好啊好啊,那以后咱俩就是好朋友了。"一见多年的冤家对头主动前来负荆请罪,共工心里还是蛮高兴的,他不计前嫌地接受了祝融的请降。

此后,祝融便频繁地前来拜访共工。每次他一到来,都态度谦恭,而且还装出一副可怜巴巴的模样,这让共工的戒备心理一天比一天放松,骄傲自满的心理也一天比一天旺盛。

眼看时机成熟,祝融终于露出了凶恶的本相,这天他主动找上门来打架,并飞起一脚,一下就把共工踢到了一座山下。

这座山名叫不周山,共工腾云驾雾般被重重摔倒在山下时,他终于在剧烈的疼痛中清醒了过来。可是,再清醒也没用了,因为他知道

「科学认识地震」

自己已经远远不是祝融的对手。

"啊啊啊啊啊啊!"羞愤难当的共工,一头向不周山撞了过去。

"轰隆"一声巨响,共工胖大的身子将不周山撞塌了。这一塌不要紧,不周山上撑天的柱子断了。天一下子斜了下来,向西北方向倾倒,而大地则向东南方向陷落。由于天地之间失去了平衡,大地承受的重量不一,于是地震便频繁地出现了。

除了中国,世界上还流传有不少关于地震的神话传说。古希腊人认为:地震是海神造成的。海神名叫波塞冬,是天帝宙斯的兄弟。宙斯为了达到统治宇宙的目的,将哥哥波塞冬下派到冰冷的海洋里掌管整个海洋王国。波塞冬是个长着满脸大胡子的家伙,他手里有一柄巨大无比的兵器——钢叉。大概是因为整天待在海里无所事事,也有可能是对弟弟的做法有着强烈不满吧,波塞冬的脾气十分暴躁,动不动就暴跳如雷。他一生气,就会用手中的钢叉猛敲海底,从而引起大地强烈震动,而海洋里也会涌起滔天巨浪,给人类带来巨大灾难。

饱受地震肆虐的日本人则认为,地震是海里的鱼引发的:远古时候,海洋里有一只庞大无比的鲶鱼,它经常兴风作浪,打翻船只,祸害生灵，后来天神将它捉住，埋入了深黑的地底下。但鲶鱼不甘心被镇压，总是想从地底下钻出来，结果它一扭动，就使大地产生了地震和海啸。日本人认为：人类只要镇住鲶鱼，天下就会太平无事了。

不管神话也好，传说也罢，都是人类在科学水平很不发达的环境条件下，根据想象对自然现象做出的一种诠释。这种诠释离现在的科学认识当然还有遥远的距离。

地球自身不和谐

地震，是地球内部发生急剧破裂产生的震波在一定范围内引起地面振动的现象，它就像刮风、下雨、闪电、火山爆发一样，是地球上经常发生的一种自然现象。

科学家们对地震的研究由来已久。早在几千年前我国的周朝，就有一个名叫伯阳文的史官研究过地震。那时的华夏大地上，地震这一自然灾害开始频繁出现，给人类造成巨大灾害。伯阳文经过多年考察和分析研究，提出了一个大胆的设想："阳伏而不能出，阴迫而不能蒸，于是有地震。"意思就是说，阳气潜伏于下不能出来，阴气压迫阳气不能蒸腾，所以就有了地震。伯老先生用阴阳二气的矛盾来解释地震现象，认为阴、阳二气相互对立，破坏了大自然的平衡，从而产生了地震。

在伯老先生之后，又有一些科学家提出了类似的看法，如东汉杰出的思想家王充，就提出了地震是地壳本身的"自动"现象——这些古代科学家的研究，可以总结为一句话：地球不高兴，后果很严重！而地球不高兴的原因，是因为"肠胃不消化"而撑出的毛病。

地震的"食物"真是太丰富了：它内部十分炽热，数千度的高温将岩石烧熔成流水，即使在地壳部位，也储存有大量高热值的能量物质。随着地球自转和围着太阳公转，内部转化的热量越来越多，而地壳等处的高热值能量也不断向内部供应"食物"，再加上板块间相互撞碰产生的热能，因此，地球吃下的都是高热量的、不易消化的食物。吃得太多，自然会消化不良；消化不良，自然需要找地方发泄。地震，就是地球发泄的一种方式。地球体内的能量，时刻都在寻找"突破口"：在地壳中某些脆弱的地带，特别是板块与板块的交界地带，能量冲出包围，就会造成岩层突然断裂，或者引发原有断层错动，从而形成地震。

除了消化不良之说，有科学家还认为，地震的发生，是地球板块间亲密接触惹的祸。

地球板块学说的代表，是一位名叫魏格纳的德国科学家。他于1910年提出了一个新颖的学说——大陆漂移说。按照他的说法，地球上的陆地在两亿年前是一个整体，后来大陆内部渐渐起了"内讧"，慢慢地由一块分成了六块。分离之后，这些板块便漂向了四面八方，这就是今天咱们在世界地图上看到的陆地形状。又过了几十年后，有人受魏格纳的启发，将"大陆漂移说"发展为"板块说"，虽然是换汤不换药，但"板块说"明显比"大陆漂移说"更令人信服。"板块说"认为：地球的表面是由一层厚约7千米的岩石圈构成的，岩石圈分为六大板块，它们分别是太平洋板块、亚欧板块、印度洋板块、非洲板块、美洲板块和南极洲板块。据科学测算，这些板块每年平均移动6厘米，板块间不断增长和移动，导致相邻的两个板块"亲密"接触而发生碰撞。地震，就在板块间的挤压、碰撞、俯冲中形成了。

众所周知的喜马拉雅山脉，便可以说是板块间"亲密"接触的有力证据。据科学家考察研究，4000多万年前，"野蛮"的印度大陆板块对亚洲大陆板块发生了好感，并拼命北上"追求"之，两大板块间

的"亲密"接触，使得板块交界处出现了高耸的隆起，这便是喜马拉雅山脉形成的根本原因。即使在今天，印度洋板块也以每年约 5 厘米的速度向北推进，所以，今天的喜马拉雅山仍在不停"长高"。在印度洋板块的狂热"追求"下，"世界屋脊"青藏高原也在逐步向东扩张，致使西藏、青海、云南等省（区）交界处的"康巴"地区地震频发，2008年的汶川大地震和 2013 年的雅安大地震，都发生在青藏高原的东侧。

不管是地球"消化"不良，还是板块亲密接触，这两种原因引发的地震，都被统一称为构造地震。这类地震发生的次数最多，破坏力也最大，约占全世界地震的 90% 以上。

认识地震大家族

除了地质构造引发的地震，地球上还有很多因素也会引发地震，可以说，地震是一个弟兄众多、人丁兴旺的大家族。

在这个家族中，构造地震是当仁不让的老大，而火山地震算得上是老二。

「科学认识地震」

2002年10月31日中午，意大利坎波巴索市附近的圣吉里安诺·迪·普格里亚村发生5.4级地震，一所幼儿园内的50名孩子和几名教师及看护人员来不及逃跑，被活活埋在了废墟之下。之后，该地区又接连又发生了6次余震，给当地造成了严重损失。事后，有专家经过勘察和分析，认为该地发生的一系列地震与火山爆发有关：10月27日开始，西西里岛上欧洲最大的埃特纳火山冲天而起，喷出大量熔岩和火山灰，巨大的能量引起了当地一连串地震，而圣吉里安诺·迪·普格里亚村便在该火山的冲击范围内，火山爆发使该村未能逃过地震的魔爪。

火山爆发为什么会引发地震呢？原来，火山爆发时，其岩浆喷发冲击或热力作用的能量很大，这种能量会引起地质变动从而引发地震，这类地震也被称为火山地震。火山地震发生的频率一般较低，其数量约占地震总数的7%左右。

地震家族的老三，名叫塌陷地震。这类地震主要发生在石灰岩等易溶岩分布的地区，此外，高山上悬崖或山坡上大岩石的崩落也会形成此类地震。塌陷地震只占地震总数的3%左右，它的震源较浅，震级一般不大，因而影响范围及危害较小，不过，在矿区范围内，塌陷地震也会对矿区人员的生命造成威胁，并直接影响矿区生产。如2007年8月6日凌晨，美国犹他州一座煤矿发生塌陷事故，犹他州大学地震检测站当天凌晨检测到里氏震级3.9级的地震波，地震导致6名矿工被困，矿区生产全部停工。

地震家族的老四和老五，分别叫水库地震和核爆地震，这哥俩都与人类有密切关系，可以说是咱们人类自己制造出来的地震。

2010年1月17日，贵州安顺市镇宁、关岭、贞丰三县交界处发生3.4级地震。该地董箐电站水库水岸边的山上灰尘飞扬，仿佛有人在开山取石，巨大的石块纷纷滚落，当地有部分村民不幸被岩崩的落石砸中。专家分析，此次地震便属于水库地震，它是因水库蓄水而诱使坝区、水库库盆或近岸范围内发生的地震。水库诱发地震震源较浅，震中烈度一般较天然地震高，不过由于震源浅且震源体小，所以地震的影响范围并不大。

与水库地震相比，核爆引发的地震威力相对更大。2010年1月13日海地发生了7.3级大地震，造成大量人员伤亡，很多建筑物被毁，惨状令人不忍目睹。地震发生后，仅仅过了一周时间，俄罗斯的《报纸报》便发表了一篇令人震惊的文章，文章援引委内瑞拉国家电视台的报道，指出造成20余万人丧生的海地大地震，是美国海军试验地震武器的结果！这事究竟是不是美国人干的，目前尚无定论，不过，有关人士透露，从20世纪70年代起，美国便着手研制地震武器，而且研制工作一直没有停止。从这个角度来说，一些地震的发生，美国人确实难逃嫌疑。

为什么人工爆破能引发地震呢？原来，地球的地壳中隐藏的热应力分布很不不均，具有极强的不稳定性。爆破这种人为激发，极易引发"人造地震"。国外有关实验证明，当量为1万吨TNT炸药的核爆炸就可诱发相当于6.1级地震，100万吨TNT的核爆炸则可能引发6.9级地震。

但愿咱们生活的地球上，人类能永远远离人工地震！

「科学认识地震」

都是月亮惹的祸

除了上面所说的几种地震外，还有一种地震令人不可思议，它就是月亮制造的地震。

也许你会说，月亮离地球那么远，它怎么会引发地震呢？

可别小看了月亮，居住在海边的人都知道，每当月球最圆最明亮的时候，大海就会涨潮，中国浙江杭州有名的钱塘潮，多数就是月亮离地球最近时形成的。

据地震专家统计，地球上发生的地震，大多都发生在"朔"（农历初一）、"望"（农历十五）及其前后几天内。

咱们还是先看一个例子吧。

1979年7月9日，也就是农历的六月十六"望"日。这天晚上，江苏溧阳的上沛、庆丰等地上空，天空晴朗，月亮像一个饱满的玉盘，发出蜡炬一般的亮光，把整个大地照耀得如同白昼。人们沐浴着清朗的月光，在院子里愉快地纳凉、聊天，小孩的笑声不时清脆地在院子里响起。突然，天空发出怪异的橘橙色，大地随之剧烈抖动起来，房屋倒塌，人们惊慌失措。这次地震为6.0级，造成41人死亡，654人重伤，约2300人轻伤；房屋损坏达343659间，其他水利、交通设施、工农业机械、生产工

具和生活用具也遭到了不同程度的损坏，直接经济损失为1.366亿元。地震发生后，天空很快黑云密布，明月被遮盖得严严实实，不一会儿便下起了淅淅沥沥的小雨。

这次地震，是不是月亮引发的？这个问题还值得推究。不过，发生在"朔""望"这两个时段内的地震，可谓举不胜举。

1932年12月26日，中国甘肃昌马发生7.6级地震，造成7万人死亡。这一天，是农历十一月二十九日，也就是"朔"的前一天。

1939年12月26日，土耳其发生7.9级大地震，造成3万人死亡，这天，是农历十一月十六，"望"的后一天。

1970年5月31日，秘鲁发生7.7级地震，死亡6.67万人，这天为农历四月二十七，也就是"朔"的前三天。

1976年7月28日，中国唐山市发生7.8级大地震，恰好发生在"朔"日的后半夜，即农历七月初二凌晨。

1988年11月6至7日，云南澜沧—耿马发生7级大地震，日期在农历"朔"日前的两天。

1988年12月7日，亚美尼亚发生7级地震，死亡10万人，这天是农历十月二十九，"朔"的前两天。

从以上的地震事实咱们可以看出，大多地震不是发生在无月光的、漆黑如墨的夜晚（"朔"日），就是发生在月光湛蓝、明耀如昼的夜晚（"望"日）。为什么会有这样的巧合呢？

其实，这是因为这两个时段的月亮，离地球最近。月球虽然是被地球的引力吸引着，围绕地球不知疲倦地转圈儿，但大家都知道，力的作用是相互的，月球在转圈的同时，也给了地球一个反作用力。当它靠近地球时，不但会引起地球上海洋的扰动，使地球上出现潮涨、潮落的现象，还会使地球的内部发生轻微改变。特别是在"朔"日和"望"日及其前后几天时间内，当日、月、地三个天体几乎成为一条直线时，太阳、月亮对地球的引潮力最大，致使地球的脆弱点受到刺激，因而特别容易诱发地震。

「科学认识地震」

地震搬山运石

经历过2008年汶川大地震的人都知道,地震袭来时,那种天翻地覆的景象特别恐怖。可以说,大地震发生时,一瞬之间便能使山河改观,一切面目全非。

地震的威力到底有多大呢?咱们还是一起去了解了解吧。

在四川省汶川县映秀镇的旁边,挺立着一块巨大无比的石头,它总体呈椭圆形,有三层小楼那么高,总重量估计至少也在几十吨以上,远远看去,就像一座小小的城堡。在石头的正面,人们用醒目的红色写着几个大字:"5.12"震中——映秀。

2008年汶川大地震发生前,映秀镇的公路边上并没有这个庞然大物。5月12日地震发生时,位于震中的映秀镇山崩地裂,一座座大山剧烈抖动。地震之后,人们惊骇地发现,在往日平平整整的公路边,

突然多了一个不速之客——一块巨大无比的石头。

这块石头从何而来？人们在巨石附近的大山上，到处寻找石头的"娘家"，然而，找来找去，都没能找到它的"出处"。很显然，这块石头是从远处飞来的。

一块重达上万千克的巨石，能在空中自由飞翔，可想而知：地震的力量有多么强大！

事实上，地震的强大力量不但能使巨石飞翔，而且还会使整座山峰都"移嫁"到别处哩。

在美丽如画的杭州西湖旁，有一座"身高"168米的奇异山峰，这就是当地十分有名的飞来峰。当地对飞来峰的来历有不少传说。有一个说法，是说1600多年前有一位叫慧理的印度僧人来到杭州，他看到此峰后惊奇地说："此乃天竺国灵鹫山之小岭，不知何以飞来？"从此以后，人们便将此峰称为"飞来峰"。还有个传说，是说有一天，灵隐寺的济公和尚突然心血来潮，他经过推算，知道有一座山峰要从远处飞来。为了怕飞来的山峰压死人，济公赶紧跑进村里劝大家离开。可由于济公平时疯疯癫癫，而且最喜欢捉弄人，因此大家谁都不相信他说的话。眼看山峰就要飞来，济公心里十分着急，这时一户人家正在热热闹闹地娶新娘办喜事，济公灵机一动，野蛮地冲进人家家里，二话不说，背起正在拜堂的新娘子就跑。济公的这一举动，把人们彻底激怒了，大家全都呼喊着狂追这个"花和尚"。追着追着，忽然耳边风声呼呼，霎时天昏地暗，"轰隆隆"一声巨响，一座山峰飞降灵隐寺前，压没了整个村庄。此时，人们才明白过来：济公抢新娘是为了拯救大家，而不是真的花了心。于是人们就把这座山峰称为"飞来峰"。

这个飞来峰的来历，当然只是人们的一种传说而已。据科学分析，这个"拔地而起"的山峰，极有可能是某次大地震时，从别处"腾云驾雾"飞来的。不过，从印度飞来的可能性微乎其微。

除了杭州的飞来峰，在中国西部的一些地方，人们也能看到一些奇异的山峰，这些山峰的"肤色"、"样貌"都与本地土生土长的山峰大不相同，很显然，它们很可能都是外地"飞来"的不速之客。

能把一座山峰整个搬迁到较远的地方去，可见地震的力量是多么的强大！

那么，地震的威力到底有多大呢？咱们还是用数字来说明问题吧。甘肃的刘家峡水电站，是中国比较有名的大水电站，它一年的发电总量约为60亿千瓦时，供给着西北几个省的用电，但一次8.5级地震释放出来的能量，如果换算成电能，则相当于刘家峡水电站正常运行8~9年的发电量总和，而且，这还不是它所具有的全部能量，因为还有一部分能量在地震发生过程中转变成了热能和机械能。如果你还想知道得更具体些，咱们再举一个例子吧：第二次世界大战时，美国在日本投掷了两颗原子弹，其中一颗落在了广岛，使得广岛市在瞬间被夷为了平地。原子弹的威力，可以说惊世骇俗，令人谈之色变，但2008年四川汶川发生的8.0级地震，其能量却相当于400多颗投掷在广岛的原子弹！

如果用炸药量来衡量，那么1960年5月21日智利发生的9.5级地震，所释放的能量相当于一颗1800万吨炸药量的氢弹，而汶川地震所释放的能量大约相当于90万吨炸药量的氢弹。

由此可见，地震的能量是多么的可怕！这也难怪地震能造成巨大的灾难，使得人类谈震色变了。

衡量地震的标准

每当地球上发生地震时，人们都会关心这次地震"震级多大、烈度多少"。一般情况下，震级越高、烈度越大，造成的破坏程度也越严重。

地动山摇
DIDONGSHANYAO

你知道震级和烈度是如何制定出来的吗？在弄清地震标准之前，咱们先去了解人类有地震记录以来，全球出现的最大级别地震。

这次大地震，就是上文咱们提到的智利 9.5 级大地震。1960 年 5 月，对智利人来说，不亚于是世界末日来临。世代居住在智利蒙特港的伊利莎拉·阿连德一家，便是这次特大地震的见证者。

灾难是从 5 月 21 日开始的。凌晨 4 时许，阿连德家的平房轻微摇动起来。"不好，发生地震了！" 40 多岁的阿连德一下惊醒，妻子也几乎同时醒来。两人在床上愣了几秒钟后，摇动又突然消失了。在当地，地震是家常便饭，两人并没把轻微的摇动当一回事。可是过了不到十分钟，房屋再次摇动起来，这次的摇动比第一次稍显强烈。阿连德心中有些着慌，正当他和妻子准备去隔壁叫醒两个孩子时，摇动又一下没了。"该死的地震！" 阿连德咒骂一声，继续蒙头大睡。

第三次地震相隔时间较长，大约一小时之后，摇动又开始了。这次的摇动比前两次更为剧烈，持续时间更长。随着摇动，家里的水瓶、米缸等纷纷倒地，"嘭嘭"的破裂声不时传来。阿连德和妻子见形势不妙，赶紧起床。这时两个孩子早已醒了，什么也没穿地抱在一起颤抖哭泣。"赶快跑出去吧！" 阿连德大叫一声，从床上抓了一张床单，把两个孩子一裹，用尽全力抱着便往外面跑。

5 月 21 日白天，阿连德一家和所有的邻居一样，是在大街上度过的。夜晚，由于地面仍在摇晃，他们不得不暂时在街上过了一夜。22 日白天悄然来临，地面的震动越来越弱。傍晚 19 时许，阿连德一家正要搬进屋里去时，突然从不远处的海底传来了震耳欲聋的巨响。几秒钟后，大地剧烈颤动起来，房屋倒塌，灰尘遮天，到处都是人们发出的悲惨呻吟。

这一波剧烈地震，使得阿连德一家所在的蒙特港几乎成了废墟。大地就像一个巨人翻身一样，一会这里隆起，一会那里下陷，海洋在激烈地翻滚，峡谷在惨烈地呼啸，海岸岩石在崩裂，碎石堆满了海滩。

「科学认识地震」

　　阿连德一家被强烈的震动掀倒在地，幸运的是他们都没有遇难。这天发生的地震达到了恐怖的 9.5 级！在这之后的一个月时间里，当地又先后发生不同震级的余震 225 次，震级在 7 级以上的竟有 10 次之多，其中 8 级的有 3 次。这次地震震级之高、持续时间之长、波及面积之广世所罕见，地震甚至把智利国土面貌都改变了。

　　在智利的这次大地震中，我们可以了解到这些信息：凌晨 4 时许的两次地震，级别较小，危害也不大；第三次地震震级相对较高，使房屋产生了剧烈摇晃，这种级别的地震有一定的危害性；傍晚的地震使蒙特港几乎成了废墟，这种高级别的地震危害巨大，破坏力惊人，是人类的大敌。

　　科学家指出，一次地震释放的能量越多，震级越高，危害越大。根据地震时释放的能量的大小，科学家制定了一套震级标准。目前国际上一般采用的是美国地震学家里克特和古登堡于 1935 年共同提出的震级划分法，即现在通常所说的里氏地震规模。里氏规模每增强一级，释放的能量约增加 32 倍，相隔二级的震级，其能量相差 1000 倍。小于里氏规模 2.5 的地震，人们一般不易感觉到，称为小震或者是微震；里氏规模

2.5～5.0的地震，震中附近的人会有不同程度的感觉，称为有感地震，这种地震全世界每年大约发生十几万次；大于里氏规模5.0的地震，会造成建筑物不同程度的损坏，称为破坏性地震。里氏规模4.5以上的地震可以在全球范围内监测到。

　　震级越大的地震，发生的次数越少；震级越小的地震，发生的次数越多。地球上的有感地震，仅占地震总数的1‰，而破坏性地震就更少了。

　　同样大小的地震，造成的破坏不一定是相同的；同一次地震，在不同的地方造成的破坏也不一样。为了衡量地震的破坏程度，科学家又制作了另一把"尺子"，这就是地震烈度。一般来说，一次地震发生后，震中区的破坏最重，烈度最高，这个烈度称为震中烈度。从震中向四周扩展，地震烈度逐渐减小。所以，一次地震只有一个震级，但它所造成的破坏，在不同的地区是不同的，这就好比一颗炸弹爆炸后，近处与远处的破坏程度不同一样。打个比方吧，炸弹的炸药量好比是震级，而炸弹对不同地点的破坏程度则好比是烈度。

　　同时，震源深度对地震烈度有直接作用，而地质构造也是影响因素之一。

伤亡最大的地震

　　地震都在瞬间发生，一般在短短的十几秒（最长的两三分钟）就造成山崩地裂，房倒屋塌，人类辛勤建设的文明在瞬间被毁灭，所以，地震可以说是人类面临的最大自然灾害之一。

　　大地震只要出现一次，就足以使一个地区遭到灭顶之灾。

「科学认识地震」

咱们还是通过一个旷世少有的大地震,来认识地震带给人类的深重灾难吧。

这次大地震,发生在距今450多年前的中国华县。那时的中国还是大明王朝的天下,皇帝是由一个叫朱厚熜的人当着,他的年号叫嘉靖。大地震灾难发生在朱厚熜当皇帝的第35个年头。具体时间是公元1556年的1月23日,地点是陕西华县。当时的陕西省关中地区沃野遍布,人口稠密,是中国古代文化发祥地之一。而作为关中富庶地区的华县,又是当时中国人口最为密集,商业最为繁荣的市县之一。

这场大地震,与450年后,即公元2008年5月12日发生的汶川大地震一样,没有明显的前兆,一切来得是如此的突然,如此的剧烈。

夜渐渐深了,在酒馆、饭店吃喝完毕的人们开始陆续返回家中,准备上床休息。而众多的商铺也开始打烊,大红灯笼一盏一盏地熄灭。渐进午夜,喧嚣的声音完全沉寂下来,整个华县县城进入了静谧安详的梦乡。

在万籁俱寂之中,灾难猝不及防地降临了。午夜时分,一阵巨大的声音突然从地底传来,据史料记载:其"声如雷",犹如炸弹爆炸时发出的巨大声响。巨响之后,从睡梦中惊醒的人们还未反应过来,强烈的地震便发生了。顷刻间地动山摇,房屋破碎倒塌,许多人待在床上还未完全苏醒,便被埋在了一片废墟之中。而县城四周"山移数里",本来好端端的山,突然间不见了踪影,跑到了数里之外;而有的山拦腰折断,山体滑坡令人触目惊心,山石将无数来不及逃生的人们活活掩埋。短短的几分钟时间,一座繁华无比的城镇顷刻间成了一片废墟。

关于震中华县当时的惨状,许多史料都有记载。地震时"起者卧者皆失措,而垣屋无声皆倒塌矣,忽又见西南天裂,闪闪有光,忽又合之,而地皆在陷裂,裂之大者,水出火出,怪不可状。人有坠入水穴而复出者,有坠于水穴之下地复合,他日掘一丈余得之者。原阜旋移,地面下尽(改)故迹。后计压伤者数万人。"此外,据《华阳县续志》记载，当时"地裂数丈，水涌数尺，殿宇为之倾倒。"

据测定，这场地震级别高达8级，极震区烈度为11度。以华县为中心，地震波像水波般向四周辐射。震波所过之处，一座座城镇被夷为平地，一个个村庄成为废墟。此次大地震强度之烈，超乎常人想象，陕西本省的"西安、凤翔、庆阳诸郡邑城皆陷没，压死者十万。"地震还越省过市，魔爪伸至山西、河南、甘肃等省（区），地震波震撼了大半个中国，有感范围远达福建、两广等地，重灾面积达28万平方千米。

大地震发生后，由于明王朝救灾不力，下拨的救灾经费十分有限，因此，地震造成的人员伤亡进一步扩大。据保守估计，大地震造成的伤亡人数达到了83万。专家考证认为，华县地震可以说是迄今为止世界人员伤亡最大的地震。

从华县大地震我们可以看出，地震是多么令人可怕的灾难！1988年，科学家们给地震这个恶魔算了一笔账：据不完全统计，光是20世纪不到一百年的时间内，全球便因地震灾害死亡120万人以上，1900—1986年间地震死亡的人数，占所有自然灾害死亡人数的58%，也就是说，其他所有自然灾害，包括暴雨、飓风、高温、龙卷风、干旱、雷电等等所有的灾害加在一起，造成的死亡人数都不及地震。

中国是地震多发区，新中国成立后，先后遭受了两次惨绝人寰的地震灾难，这便是 1976 年的唐山大地震和 2008 年的汶川大地震。唐山大地震死亡 24.2 万余人，重伤 16.4 万余人；汶川大地震近 7 万人遇难，直接经济损失高达 8000 多亿元。这两场大地震幸存下来的人们，可以说一生都无法抹去心灵上的阴影。

地震制造小岛

　　大地震发生时，山崩地裂，山河改观，往往会留下一些令人费解的谜团。

　　2013 年 9 月 24 日，一场 7.7 级地震降临巴基斯坦西南部地区。在距离震中约 400 千米的港口城市瓜德尔，当震动过去、人们从惊慌中恢复过来时，有人突然指着远处的海面，惊讶地叫起来："看，那里冒出了一座山！"

　　大家闻声看去，果然看到在离港口不远的海面上，出现了一座颜色灰暗、形状像穹顶一样的小岛，远远看去，小岛仿佛是一条巨鲸的背部。

"这到底是怎么回事？"人们议论纷纷，有的人感觉难以置信，有的人对此感到惊讶不已，还有的人对突然冒出水面的"庞然大物"感到害怕。

在地震带来的惊慌和恐惧中，24日夜晚终于熬了过去。25日上午，一些居民在好奇心驱使下，决定到岛上去考察，随便拍点照片回来。他们乘船来到岛上，发现这座神话般出现的小岛呈椭圆形，长约76～91米，宽30多米，高出海平面18～21米。小岛上崎岖不平，一端是坚硬的岩石，还有部分地方完全是沙地。在岛上，他们看到了一些死鱼，并在另一端听到了气体外泄的"嘶嘶"声，有人划燃一根火柴，试着塞进漏气的石缝里，"轰"的一声，气体瞬间便点燃了，而且火势相当猛烈——后来经过专家考察，证实石缝中不断喷出的气体是甲烷。

大地震之后，海上为何突然冒出小岛呢？虽然目前地震学界对小岛的成因尚未达成共识，但地震专家普遍倾向认为：这是一座由地震诱发的"泥火山"。

泥火山是指由泥浆喷发堆积而成的山。专家解释，当地震震级较大时，会导致距震中很远的地层也剧烈摇晃，造成海底沉积岩层出现破裂、滑动，结果困在其下方的泥浆、水和岩屑等在高压下随着气体（通常是甲烷）逃逸而喷出，最终堆积成岛。专家指出，地震后生成新小岛的现象比较少见，但并非独一无二。资料显示，瓜德尔港分别于1945年、2001年和2011年冒出过小岛，此次是该地区海面冒出的第四座小岛。

不过，这些地震后生成的小岛通常"寿命"都不长。专家指出，随着时间的推移，当沉积层中的气体被基本释放完毕，海床上升的压力消失，岛屿主体便会渐渐沉没，再加上小岛结构并不坚硬，海浪日复一日的拍打也会令小岛上的沙土逐渐被冲散，因此最多七八个月时间，这座小岛就会消失，唯一留下的只有海床上的痕迹。

「科学认识地震」

地震制造火焰山

地震不但能制造小岛,还会制造火焰山哩。

2008年5月12日,中国汶川发生8.0级大地震,北川羌族自治县在地震中遭受了惨重灾难,而该县的陈家坝乡,更是成了"灾中之灾"的重灾区。地震使得陈家坝乡完全改变了模样,特别是在一个叫龙坪村的地方,地震之后,幸存下来的人们惊讶地发现,往日空荡荡的小溪岸边,突然多了一座小山。

更神奇的是,自从小山在这里"安家落户"后,山体就一直持续不断地往外冒烟。冒烟的地方面积很小,宽3至4米,长度有70至80米。小山冒出的烟,有一股浓浓的呛人味道,并且冒烟的地方温度十分高。站在10米之外,人就会感到一阵阵的热浪扑面而来,就像面前正烧着一炉熊熊大火,使人不敢接近。

小山冒烟,在当地引起了极大恐慌,有人认为当地会发生火山喷发,

有人则认为还会发生大地震，而一些迷信的村民则认为是鬼神作怪。

后来，有专家根据村里曾经开办过硫黄矿这一事实，经过仔细分析和推敲，终于揭开了小山冒烟之谜：小山冒烟，原来是硫黄燃烧。

2008年5月12日这一天，地震的巨大能量将"飞来山"搬迁到龙坪村时，山体刚好落在了硫黄矿所在的小山包上，山体不但将硫黄矿完全掩埋，而且由于剧烈的撞碰和摩擦，使得燃点较低的硫黄发生了自燃现象。又由于硫黄掩埋在地下，与空气接触不够，导致燃烧不够充分，所以出现了冒烟现象。

汶川大地震还同时创造了不少神奇的自然景观，其中，青川县东阳沟自然保护区绝壁上的人头像便是一绝。

东阳沟自然保护区内生活着一些野生大熊猫。2008年5月大地震发生后，人们十分牵挂大熊猫的安危，不知道它们在地震中是否逃过了危险，于是地震过后一个月，青川县林业局等单位便发起了"情系青川，心系熊猫"的科考活动，对保护区内的熊猫生存状况进行科学考察。6月28日上午，考察小组来到保护区内的一个大峡谷内，当他们在峡谷谷底穿行时，有人偶然抬头往上看了一眼，顿时便惊呆了：在离谷底200多米的绝壁上，赫然出现了一个巨大的人头像。这个人头像印迹新鲜，大约有10米高，7米宽，"脸上"有眉毛、有眼睛、有鼻子、有嘴巴，它眉头紧锁，表情显得非常沧桑。

是谁在200多米高的绝壁上雕下如此巨大的人像？科考队员们经过调查、分析后认定：这个巨大人像的"作者"便是大地震：5月12日大地震发生时，绝壁上的岩石因山体震动而发生坍塌，不同部位的岩石垮塌后，十分巧妙地形成了这个人头像，可以说，这是一次概率极小的偶然事件。

不过，无独有偶，"5·12"大地震在汶川县的一座山上也留下了"作品"：当时山体上出现了三道巨大的滑坡体，看上去像一个大大的"川"字——地震鬼斧神工的创造力，的确令人惊叹！

关注地震前兆

诡异的声音

地震发生之前,往往会出现一些异常现象,这些现象叫作地震前兆。如果咱们平时掌握一些这方面的知识,地震发生时,说不定就可以避开它的危害。

地震前兆都有哪些呢?咱们先来看看地震前出现的异常声音。

1976年,中国的唐山大地震发生时,震中100平方千米范围内的许多地方都听到了不同的地下声音。

"隆——隆——"这一年的7月27日晚23时,在河北遵化的一个乡村,尚未入睡的人们听到远处传来一阵阵声音,很像打夯时发出的沉闷声。"哪个公社干劲这么大,这么晚了还在干活?"人们议论纷纷。只听声音时高时低,延续了一个多小时。当时谁也没把这声音和地震联系起来。而与此同时,在京津之间的安次、武清等县,人们听到的声音却更为清晰,也更加强烈,在一个多小时内,人们听到远处传来"轰隆隆"的声音,就像一辆辆大型履带式拖拉机接连不断地从远处驶过。而在大地震到来的前半个小时内,各种各样的声音都先后出现了:有的像高速列车在地底下飞驰,有的像千百辆坦克同时开动,有的像千军万马在地底下跑动,有的像采石时所放的连珠炮在头顶上空炸开,有的像巨石从高处滚落下来……这些声音和平时地面上听到的声音完全不同,它们奇怪、诡异而又恐怖。

2008年5月12日,汶川大地震发生时,川西许多地方也都听到了地下传来的诡异声音。当天14时20分左右,家住四川省名山县的农妇刘德英正在自家地里摘菜。突然，她听到耳边传来了牛叫的"哞哞"之声。开始她并没在意，后来声音越来越近，仿佛就在自家的菜地里。"这是谁家的牛跑到菜地里来了？"刘德英很生气，刚想站起来赶牛，这时地面猛烈摇晃起来，她在菜地里摇摇晃晃，像喝醉了酒似的，为了安全，她赶紧蹲下了身子。

几分钟过后，地震过去了，刘德英的心里仍琢磨着赶牛这件事。可她四处观望，看了半天，连条牛的影子都没见到。

其实，刘德英听到的声音，和当年唐山大地震发生前人们听到的各种怪声一样，都是地震学上所说的"地声"，通俗来说，就是地下发出的声音，它一般在震前几分钟出现。这种诡异的地下声音，在许多大地震中都出现过，而且千差万别。

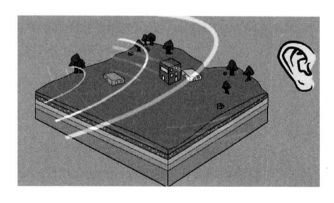

专家告诉我们，地声是地下岩石的结构、构造及其所含的液体、气体运动变化的结果，简单地说，这些声音就是地下岩层断裂、地下水向上涌动、地层中的空气受压等等发出的混合声响。这些声音在地面上并不奇怪，但它们从地底传出来，便会变得十分诡异而奇特，加上人们对地震的恐惧心理，于是地声便如同鬼叫一般令人感到恐慌了。

一般来说，掌握地声知识，就有可能在一定程度上避免地震灾难。

那么如何判断地声呢？专家告诉我们：一般说，如果声音越大，声调越沉闷，那么地震也越大；反之，地震就较小。当听到地声时，大地震可能很快就要发生了,所以可把地声看作警报,一旦听到,就应该立即离开房屋,采取紧急防御措施,避免和减少伤亡损失。

奇怪的红光

1976年7月28日凌晨3时许,一辆从北京开往大连的直达快车,满载着1400多名旅客,正乘着夜色向前飞驰。

当客车经过唐山市附近的古冶车站时,漆黑的夜空中突然闪现出三道奇怪的红光。红光十分耀眼,但转瞬即逝。

"前面出什么事了?"客车司机心里一惊,脑海里迅速升起一个不祥的预感。

因为铁道上规定"红灯停,绿灯行",所以,虽然明知那三道红光来自于天空,但客车司机还是出于本能,果断地拉下了非常制动闸,进行了紧急刹车。"吱——吱——"刹车声在夜空中听起来触目惊心。

"这是直达快车,这里又不停车,搞错没有?"一些从睡梦中惊醒的旅客,不满地大声抱怨。

话音未落,突然大地猛烈摇晃起来。震惊中外的7.8级大地震发生了!车厢里的旅客吓得惊慌失措,喊叫声、哭闹声混成一片。列车在摇摇晃晃中滑行了一段距离后,稳稳当当地停了下来。

如果司机没有及时刹车,列车继续前行,很可能就会在大地的震动中脱轨,那列车上1400名旅客的人身安全,将不可想象!

无独有偶。1976年5月29日20时和22时,云南的龙陵、潞西一带先后发生了7.5级和7.6级两次强烈地震。震前,奇怪的红光再次出现。

「关注地震前兆」

当时,人们对地震视若猛虎,即使在深夜,也安排了工作人员值班,一旦有风吹草动,立即报警。在地震发生前,负责地震值班的人员看到深黑的夜空中,出现了一条橘红色的奇怪光带。光带虽然时间出现很短,但把天空都映红了。"不好,有情况!"工作人员当机立断,赶紧拉响了警报器,各个大队立即组织人员疏散,不一会儿,大地震便发生了。

除了红光,地震前有时也会出现其他色彩的光。1975年2月4日,中国海城、营口发生了7.3级地震,当时震区有百分之九十的人都看到了地光,近处看到的是一道道长长的白色光带,而远处看到的闪光有红、黄、蓝、白、紫几种色彩。此外,还有人看到从地裂缝内直接射出来的蓝白色光,以及从地面喷口中冒出的粉红色光球,光球像信号弹一样升起十几米到几十米后消失。

这些奇怪的、带颜色的光,究竟是什么呢?

原来,这些光名叫地光,是伴随地震出现的发光现象。地光的颜色很多,有红、黄、蓝、白、紫等,其形状也不一样,有的呈片状,有的呈球状,有的呈电火花状。人们对地光出现的原因尚在探索之中,有一种比较科学的说法是:地震发生时,在地下会产生地震"压电效应",当其达到一定的电场强度时,就会引起像闪电那样的低空放电现象,也就是产生地光。

地光出现时间一般很短,往往一闪而过,所以,我们平时应留心观察,一旦捕捉到它的踪迹,就要引起高度警觉。

神秘的地磁

除了地声和地光,在地震前兆中,还有一些来自地下的异常现象,它们有的很明显,有的则来无影去无踪,人类只能通过仪器测定或电器异常才能感知它们。

1855年,在日本江户有一位开五金店的商人,名叫伊藤。伊藤是一个很会做生意的老板,由于他的店面不太醒目,为了招引顾客,他在店口的柜台上方,悬挂了一块30多厘米的马蹄形磁铁,并在磁铁上粘满铁钉和其他铁制商品。人们远远看到那个巨大的磁铁,便会走到店里来买用具。

一天,伊藤正坐在店里休息,突然"叮咚"一声,一个铁制品从磁铁上掉落下来,在柜台上发出清脆的响声。

伊藤以为有顾客来了,赶紧转过身,但柜台前却空无一人。

"这东西怎么会掉下来呢?"伊藤自言自语地说。他正要把铁制品重新吸在磁铁上时,奇怪的现象发生了,只见磁铁上的铁钉像雨点般纷纷下落,打在柜台上发出连串声响。

"这是怎么回事呢?"伊藤大为惊愕,以为大白天遇到了鬼。

迟疑不定的伊藤拿起几根铁钉,往磁铁上吸附,但马蹄形磁铁就是不听使唤,钉子放上去便马上掉落下来。

"难道是马蹄形磁铁失效了?"伊藤想,随手拿起店里的另一块磁铁去吸钉子,但钉子仍纹丝不动。

"真是奇怪了!"伊藤靠在柜台上,半天想不出是什么原因。后来肚子饿了,他就走进里屋去做饭,很快把这件事忘记了。

不知不觉两个小时过去了,这时房屋突然剧烈摇晃起来。

"不好,发生地震了!"伊藤赶紧跑到大街上,看着自己店里的东西散落一地,但却不敢进去收拾。

这场地震震撼了整个江户市区,伊藤的小店也遭受了不少损失。地震之后,他回到店里清理东西时,突然发现那块马蹄形磁铁又神奇地恢复了磁性。

伊藤遇到的这种现象,在许多地震中都出现过。人们很早就注意

「关注地震前兆」

到：地震来临前，地球的磁场会发生变化！

1970年1月5日，中国云南通海发生了7.8级大地震。震前，有一个公社正在召集社员开会，其主要内容便是收听中央人民广播电台的播音。听着听着，收音机的音量突然低了下来，并出现了"嚓嚓"的嘈杂声。"电量不够了吧？赶紧换几节电池！"公社书记大声吩咐文书。几节新电池换上去后，收音机的情形仍然如故，听着听着，播音突然完全消失了。正当大家不知所措的时候，大地震发生了。

这种情况，在四川的炉霍县也曾经出现过。1973年2月6日，炉霍发生了7.9级地震。震前5～30分钟，县广播站的工作人员发现收音机杂音很大，怎么调试都无法收听到正常播音。正当工作人员要去找懂行的人来帮助查找原因时，大地震发生了。

此外，1872年12月15日，印度发生地震前，巴西里亚至伦敦的电报线上出现了异常电流，电报收发一时陷入瘫痪，电报局工作人员丈二和尚——摸不着头脑。1976年唐山大地震发生前两天，距唐山200多千米的延庆县测雨雷达站，连续收到了来自京、津、唐上空的一种奇异的电磁波，雷达站的工作人员也大惑不解。

地震发生前，地磁场为什么会发生改变呢？一般认为，地震引起磁场变化的原因有两个，一是地震前岩石在地应力作用下出现"压磁效应"，从而引起地磁场局部变化；二是地应力使岩石被压缩或拉伸，引起岩石电阻率变化，使电磁场有相应的局部变化，岩石温度的改变也能使岩石电磁性质改变。

怪异的大风

地震之前，天气有时也会出现怪异现象。

2013年4月20日，四川雅安市芦山县发生了7.0级地震，造成了严重灾害。地震前一天下午，包括芦山、雅安、成都在内的川西地区都刮起了诡异大风。风速普遍在5级以上，风向显得十分紊乱：一会儿向东刮，一会儿又向西刮，一会儿向南刮，一会儿又向北刮。大风发出尖厉的啸叫声，听着让人感觉心里有些恐慌。大风一直刮到20日凌晨才停止，上午8时03分，可怕的地震便发生了。

地震前出现怪风现象的事例还有很多，如1973年2月6日，四川省西部高原的炉霍县发生7.9级地震，造成2000多人死亡。对那场惨

烈的大地震，人们记忆犹新。据当地人回忆，那天的天气非常好，天空艳阳高照，云淡风轻，温暖的阳光照在人们身上，把冬日的寒气驱散了不少。但地震发生前的几小时，天气突然发生了剧烈变化：县城刮起了恐怖的大风，风力卷起地面上的灰尘，黄沙滚滚，尘烟弥漫，仿佛沙尘暴般令人生畏。后来，风还上下乱窜，有时从地面往天上刮，有时又从天空往地面刮。"这风真是疯了！"县气象站的风向标飘忽不定，风杯更是团团乱转。"从来没有见过那么奇怪的大风，我们都预感到要发生什么灾难，但当时谁也说不清！"气象工作人员回忆道。几小时后，大地开始剧烈摇晃，大地震发生了。

此外，1920年中国海原发生大地震，震前也刮起过怪风。据《朔方道志》记载："民国八年五月二十六日，盐池暴风大起，尘粒霾四塞，屋瓦齐飞，逾时乃止。九年十一月初七宁夏地大震……"也就是说，在海原大地震前，震中——盐池发生过强度很高的龙卷风。

怪风真的能预报地震吗？其实也不尽然。

2009年2月12日下午4时，一股神秘的"怪风"在四川南部的筠连县刮起。在怪风的影响下，气温越来越高，到当天17时，筠连县的气温达到了最大值，一下从16时的26℃升高到了36℃！而风速也由16时的2米每秒增大到17时的12米每秒，其中局地瞬间最大风速更是达到了27米每秒，相对湿度也由50%降到了9%，空气变得又干又热，让人很不舒服。但接下来的一个小时，"怪风"突然"失踪"，气温又像坐过山车一般下降，在18时降到了23℃。仅仅两个小时，筠连县居民便经历到了从春到夏、再到秋三种季节天气的转变。来去无踪的神秘怪风，在当地群众中引起了疑问与恐慌，不少当地居民一下子就联想到了大地震，一时间人心惶惶，群情骚动。不过，最后经过气象专家分析，认定这股怪风其实是一种名叫"焚风"的天气现象，与地震毫无相干。事实证明，"怪风"发生后，当地也确实没有发生地震。

由此可见，怪风也不一定就能预报地震。出现怪风时，应结合当时的气象条件进行综合分析，不能一竿子推到地震身上。否则，就有可能引起恐慌和混乱，造成不必要的损失。

突发的大雨

经历过汶川大地震的人们，可能都对当天的天气记忆犹新。

2008年5月12日14时前，天空艳阳高空，晴空万里，可14时28分地震发生之后，天空很快便换了一副"脸色"，霎时阴云四合，冷风骤起，傍晚很多地方都下起了瓢泼大雨。雨一直持续了两天才逐渐停止。

为什么地震后会出现大雨天气呢？难道下雨和地震也有必然联系吗？

这其中肯定有关系。专家告诉我们，咱们的老祖宗在造字的时候，早就考虑到这一点了。不信，您仔细看看"震"字，就会发现它的上面是"雨"，下面是"辰"，这就意味着从远古至今，地震和雨都有明显的关系，而且这雨，一般都出现在辰时，也就是清晨时分。

为了寻找下雨和地震之间的联系，中国气象局成都高原气象研究所的专家在汶川大地震之后，便开始搜集资料进行研究。他们首先从降雨的形成规律，解释了地震后出现大雨的原因。专家认为，地震后产生的大量山体滑坡、房屋倒塌等，会使空气中增加大量的粉尘、微粒，这些粉尘和微粒就是形成水滴最好的凝结核；而地震巨大的冲击波，在震动大地的同时也不断向空中释放能量，这种能量同样强烈扰动震区上空的空气，使得大量的凝结核与水汽分子不断碰撞，充分结

「关注地震前兆」

合,当这些水滴增长到空气托不住时,一场地震后的大雨就降临了。

那么,降雨真能预报地震吗?为了找到有说服力的依据,专家们找来了四川的地震资料,好家伙,在汶川大地震之前的短短40年间,四川竟然发生了9次6级以上的地震!这些地震多数发生在川西高原一带,再把这些地震地区的降雨资料拿来一分析,乖乖,原来地震真的和降雨有"亲戚"关系哩:在地震前半年甚至更长时间内,地震震中区附近的降雨量都呈现减少的趋势,而在震后约半年内,降雨量都呈现增加趋势,并且震后的降雨量大都明显高于震前。

专家们推而广之,于是一个初步的研究结论出来了:地震是岩石圈运动的直接结果,气候是大气圈运动的直接结果,地震与气候异常的统计分析表明,二者之间存在一定的联系,最主要的特征是"旱—震—涝",即地震前会出现大范围的干旱,而地震后会在震区周围出现较大范围的洪涝。如1925年3月16日,云南大理地震,震前"久旱不雨,晚不生寒,朝不见露",而震后却"霪雨霏霏"。

不过,降雨能不能"预报"地震,目前谁也不敢妄下断言,专家们正在积极探索其中的奥秘,渴望早日找到降雨和地震之间的密切关系。

反常的井水

来自地下的井水,对地震有没有预兆呢?

回答是肯定的。早在 1755 年,清代学者汪铎辰便在其所著的《银川小志》里,对井水反常与地震的关系做出了评断:"大约冬春居多,如井水忽浑浊,炮声散长,群犬围吠,即防此患。"

1970 年 1 月,中国著名的烤烟生产地——云南玉溪发生了几十年难遇的大旱。其中旱情最重的一个公社,不但庄稼枯萎,河水断流,就连人们赖以生存的井水,出水量也一天比一天减少。

"这咋个办哟?"社员们十分忧愁。几个老社员聚在一起商量后,决定秘密搞一次求雨。

求雨,就是用稻草扎一条草龙,然后敲锣打鼓将其送到河里,期待龙归水里后,给人间带来甘霖。由于当时政府不准搞封建迷信活动,所以大家就把锣鼓也省了,到深更半夜的时候,悄悄把草龙抬到了快要干涸的河里。

第二天,天上没有下雨;第三天,仍然没有下雨;第四天,天上还是没有雨落下来,不过,村子里却发生了一件十分奇怪的事情。

这天凌晨,一个社员借着微弱的月光,到村口的井边打水。吊桶刚放下去一半,就触到了水面。他简直不敢相信这个事实:往日,这口井的井水已经快要见底了,今天怎么冒出这么多水呢?他把水打上来,拿瓢舀了送到口边,清澈的井水竟然有股丝丝甜味。

"有水了,龙王爷给咱们送水来了!"这个社员兴高采烈地挑着水往回走,一边走,一边大声向路遇的人们宣传。

「关注地震前兆」

这天,这个公社的几口水井都出现了显著的水位上升现象,并且井水都有一股甜味,有一口水井更加神奇,人们用井水煮的饭,竟然都变成了红色!

不过,也有一口水井却截然相反,它的水位本来并不低,而且是当地出了名的甜水井,过去人们都争相来这里打水,但在这天,它的水位却急剧下降,人们费了半天劲把水打上来,井水却又咸又苦,让人无法饮用。

"会不会要发生什么灾难噢?"面对此情此景,有些人开始提出疑问。

"这是龙王爷给的恩赐,不会有灾难的。"那些求过雨的老人坚定地认为:这是龙王爷送来的水。

人们的争论还没停息时,几天后,一场大地震便降临了。处于极震区的这个公社,损失十分惨重。

井水反常的现象,还在许多地震中出现过,令人不可思议。1966年3月,河北邢台区隆尧县马兰大队的三口水井,几乎同时出现了怪异的现象。这一天,一个社员到村南的水井挑水,突然,他发现水井在向外喷沙,打上来的水也十分浑浊,显然不能饮用了。他不知是怎么回事，因为家里急等取水煮饭，于是他又挑着水桶来到了村东，可是这口井也出现了奇怪现象：井水不停冒着气泡，而且水面上翻腾着一层油花。"是谁把井污染了？"他心里暗骂一句，又挑着水桶来到了村东北，这口井倒是十分平静，可他打了满满两桶水挑回屋，刚坐下来，爱人就在一旁骂开了："你这是挑的什么水哟，想把全家害死吗？"他大吃一惊，舀起水一尝，苦得赶紧吐了出来。

之后没两天，邢台便发生了大地震。

1966年，在苏联的塔什干，也曾发生过一件怪事：该地区有一口2000米的深井，这口井从1961年起，井水中氡的含量便增加了3倍。直到1966年该地区发生了一次5.6级的地震后，井水又恢复了正常。

为什么地震前，井水会有反常现象呢？

原来，大地震之前，震区范围的地下含水岩层在构造运动的过程中，受到强烈的挤压或拉伸，引起地下水的重新分布，出现水位的升降和各种物理性质和化学性质的变化，使水变味、变色、混浊、浮油花、出气泡等。中国广大群众和地震工作者总结出了如下的规律：

井水是个宝，前兆来得早。
无雨泉水浑，天旱井水冒。
水位升降大，翻花冒气泡。
有的变颜色，有的变味道。
天变雨要到，水变地震闹。
建立观测网，异常快报告。

不过，随着现在生活水平的提高，人们大多都用上了自来水，地震前井水反常的现象，恐怕好多人都关注不到了。

「关注地震前兆」

报信的植物

蒲公英反常开花、竹子大批枯死、杏树提前开花……地震来临前,植物也会出现反常现象,它们与地震有何关系呢?

1770年,中国宁夏的隆德县发生了一件十分神奇的事情。这年初冬的一天,有人上山打柴,打着打着,一阵风吹来,他感觉有什么东西在眼前飘浮,用手接住一看,竟然是蒲公英的花絮。

"蒲公英都枯萎了,哪来的花絮呢?"他好奇地在地下四处寻找,终于发现了一株正在开花的蒲公英。而在身前身后,这样的蒲公英还有好几株。它们的植株不但没有枯萎,反而枝叶繁茂,正灿烂地开着花呢。那些在空中飘浮的花絮,正是从这些植株上随风分离出去的。

蒲公英一般在春夏时节的3月至8月开花,在北方,进入冬季后,蒲公英的植株就会因天气严寒而枯萎。但这些蒲公英不但没有枯萎,反而神奇地开起花来,这就不能不令人奇怪了。

"蒲公英反常开花,预示这一带会有贵人诞生。"消息传开之后,当地一位据说能"前知五百年,后知五百年"的算命老先生,当时便捋着稀疏的山羊胡子,神秘地对大家说。

"咱们隆德县要出贵人了!"一时间,人们奔走相告。一些腆着大肚子将要生产的妇女,更是对生产龙凤宝胎充满了强烈幻想。

至于当地出没出贵人,至今无从考察。确切的记载是,一个月后,与隆德县相距66千米的西吉发生了5.7级地震,由于距震中较近,隆德县也受到了较大损失,有些孕妇不但没生出龙凤胎,反而被地震夺去了生命。

在中国,地震前植物出现异常现象的例子很多:1972年,长江口外东海海面发生过地震,震前,上海郊区田野里的山芋藤突然开花;1976年2月初,辽宁海城发生强烈地震,地震前两个多月,那里的杏树有许多提前开了花;1976年,有"熊猫之乡"美誉的四川平武县境内,出现大面积竹子开花然后枯萎的现象,不少珍贵的大熊猫被活活饿死了,此后不久,平武及相邻的松潘发生了7.2级地震……

为什么地震前植物会出现异常现象呢?有专家认为,地震在孕育过程中,由于地球深处的巨大压力,在石英岩中产生电压,于是生成带电粒子。在特殊的地质结构中,这些粒子被挤到地球表面,跑到空气中,会产生出一种带电悬浮粒子。这种变化在一些植物体内得到反映,产生了异常现象。也有的专家认为,植物异常现象可能与地震本身没有直接联系,而与震前地温变化及气候异常有关:地温变化及异常的气候,导致植物的生长出现了紊乱,从而出现了令人不可思议的怪现象。

不过,有时候植物出现反常行为,并不一定与地震有关。如2006年9月下旬,四川广元、遂宁等地出现了大面积的梨花反常盛开现象,人们走进果园,置身其间,恍惚间又回到了万紫千红的春天;2000年8月初,一场大暴雨之后,四川西部雅安市的桂花提前开放,浓郁的

「关注地震前兆」

香气弥漫了整座城市——这些现象与地震没有丝毫关系,而与气候异常密切相关。

鱼儿跳舞须提防

草鱼"跳舞"、鲶鱼打斗……地震来临前,鱼儿们往往惊慌失措,做出一些令人不可思议的举动。

2008年5月12日下午,几个钓鱼爱好者正在都江堰至汶川之间的紫坪铺水库钓鱼。"哗啦"一声,突然一条三斤多重的草鱼跳出水面,溅起一片很大的浪花。"好大的鱼啊!"一个钓鱼爱好者惊呼起来。

话音未落,只见水面的其他地方又出现了雪白的鱼身。鱼儿们争先恐后地跳出水面,然后又重重地跃落。与此同时,钓鱼爱好者们的鱼竿接二连三地有鱼上钩了,一条又一条的鱼儿被拉出水面,装进了钓鱼者的水桶里。

"今天的鱼是怎么回事?不但一条接一条地跳出水面,而且还拼命咬钩,我过去从没遇到过这样的情形。"一个钓鱼者内心有些不安地说。

"可能是天气要变化了吧?一般在暴风雨来临前,水面上的气压较低,导致水里含氧量不足,鱼儿感觉憋闷,就会跳出水面呼吸。"旁边另一个钓鱼者很有经验地说,"咱们赶紧趁着这机会,再钓一会收竿。"

不过,未等他们钓多久,一场震惊中外的大地震便发生了。这几个钓鱼者被地震引发的巨大浪花卷进水库,只有一个幸运地存活下来。

当天下午地震发生前,与汶川直线距离近 200 千米的雅安市,在河里钓鱼的人们也看到了鱼儿拼命跳出水面的怪异现象:在一段平静如镜的河面上,鱼儿从藏身的地方争相游了出来,纷纷跃向河面,似乎想挣脱河水的束缚,从天空中逃跑出去。

地震来临前,不会"跳舞"的鱼儿,也有自己独特的表现方式。

鲶鱼,是鱼类中体型笨拙、不善跳跃的一种鱼。不过,不会"跳舞"的鲶鱼在地震来临前的反应并不亚于草鱼之类,它们会一改文静、贤淑的举止,慌乱地游来游去,有时甚至会互相撕咬、打斗。在地震比较频繁的日本,人们就利用鲶鱼的反常行为来预报地震,民间素有"鲶鱼闹,地震到"的说法。在东京千叶等地区,人们自发成立了个民间组织——鲶鱼会,把观测到鲶鱼反常行为作为地震预报的根据。1978 年 1 月 14 日,日本伊豆群岛附近发生 6.5 级地震。震前,东京都水产实验场的工作人员发现,他们喂养的鲶鱼从 1 月 12 日起便活动异常,每隔 10 分钟便闹腾一次,表现得暴躁不安。根据鲶鱼的这一反常行为,人们提前采取了避震措施,从而减少了灾害损失。

此外,地震发生前,一些深海鱼也有类似的怪异行为。1963 年,日本有个渔民在小田原海捕到一条鹬鳗,这种鱼通常生活在几千米深的深海里。后来,这条鱼被送到了末广教授家中,因为他正在研究地震前深海鱼的反常行为,但能不能用它来预测地震,一直没法下结论。

「关注地震前兆」

直到 1964 年,他才打消了原来的顾虑,在报上向全世界发出呼吁说,深海鱼有预测地震的本领,希望渔民和科学家如果发现深海鱼有反常行为,立刻通知他。不久,他的这一请求得到了许多国家科学家的热烈呼应和大力支持。这是怎么回事呢?原来,在 1963 年 11 月 11 日清晨,新岛的渔民捕到一条长 2 米的深海鱼,电视台记者为采访这条新闻,邀请末广教授一同乘直升机前往现场。当时,他有课不能前去。同记者分手时,他开玩笑地说:"请多加小心,不久将有地震发生。"谁知,事隔两天,在新岛附近真的发生了地震。

不过,仅凭鱼的反常行为来判断是否会发生地震,是不够准确的,因为在暴风雨来临前,鱼儿们也有类似的怪异行为,如在中国西南的一些河流中,每当风雨将临时,河里的鱼儿都会跳出水面,有时还会出现"喷鱼"奇观。所以,鱼儿能不能预报地震很难说,还必须结合其他动物的反常行为一起分析。

老鼠胆大必有因

老鼠,一般都是很胆小的,它们一般都昼伏夜出,从不敢在人类面前明目张胆地活动。有一个成语"胆小如鼠",便是用老鼠来形容胆小的人。

不过,当地震这样的大灾难来临时,嗅觉灵敏的老鼠都会变得胆大妄为,它们冒着"过街老鼠人人喊打"的危险,公然在人类的眼皮底下疯狂活动。据《开元占经·地境》记载,早在大约公元 650 年,中国古代就有"鼠聚朝廷市衢中而鸣,地方屠裂"的描述。

老鼠预报地震的典型事例,莫过于 1976 年中国唐山地区发生的大地震。地震发生前一天,唐山地区滦南县城公社王东庄的村民们,看见棉花地里成群的老鼠仓皇奔窜,大老鼠带着小老鼠跑,小老鼠则互相咬着尾巴,连成一串。同一天,距唐山不远的蓟县桑梓公社河海工地库房院子里,有300多只老鼠一齐钻出洞子,聚集在一起发愣,人上前它们也不跑,似乎中了邪一般。不但老鼠如此,黄鼠狼也出现了反常行为:7月26日,抚宁县坟坨公社徐庄的村民们,看见一百多只黄鼠狼逃跑,大的背着小的或是叼着小的,挤挤挨挨地钻出一个古墙洞,迫不及待地向村外转移,一片惊惧气氛。

类似的情景也曾在日本出现过。1923年日本东京发生大地震前两天,该地的老鼠们仿佛事先得到通知似的,一下跑得无影无踪。这天晚上,一个外地来的说书人住进了东京闹市区的一家客栈里。由于担心行李被老鼠咬坏,说书人特地要求客栈老板给他安排一间老鼠较少的房间住宿。

"您就放心吧,咱们这儿已经没有老鼠了。"客栈老板告诉他。

"什么?你们这里竟然没有老鼠?"说书人当即一愣。

"是啊,我们已经有两天没有看到过老鼠了。"客栈的伙计证实。

"那以前这里有过老鼠吗?"说书人又问。

"以前老鼠可多了,它们经常在房间里跑来跑去,搞得客人很烦。"

伙计说,"不过,不知是怎么回事,这两天老鼠都突然不见了。"

"啊?!"说书人大吃一惊,"不好,这里很可能会发生地震。"

"不会吧?你可不要散布谣言哦!"客栈老板严肃地说。

"我可不是散布谣言,你们也知道1855年的江户地震吧?那次地震发生前,听说老鼠就是提前跑光了的。所以大家赶紧撤离吧,不要再住在屋里了。"说书人急切地说。

听了说书人的一番言语,客栈老板赶紧组织客人撤离。后来,地震真的发生了。

老鼠为什么会在地震前出现异常呢?据国内外有关专家研究,认为可能有几方面的原因:其一,老鼠体内肠系膜、骨间膜等处生有环层小体,对机械振动敏感,可能探测到震前岩石微破裂时的地声信息;其二,老鼠听觉灵敏,对超声刺激十分敏感;其三,嗅到了强烈地震前地下溢出的某些气体味道;其四,敏感的第六感觉使它逃避灾难。

不过,在一些地震中,老鼠的反应并不明显,甚至可以说有些迟钝,如2008年汶川大地震中,在地震重灾区,人们并没看到大规模老鼠出逃的现象。因此,生物学家指出老鼠的不寻常表现很难下定义,因此以它们的行为来判断地震仍存在很多局限。

家畜反常要小心

狗是人类的好朋友,它们诚实善良,忠心耿耿,对主人不离不弃,在国内外,流传有不少狗狗们提前预测地震,并在地震中救主的故事。

有一位名叫丁芬的妇女,亲身经历过1976年的唐山大地震,当时她有3个年幼的孩子,家里还养了一只大黄狗。地震头天下午下班后,她发现大黄狗在家里坐卧不安，它一会儿钻到床下，一会儿跳上高凳，一会儿跑到屋外，一会儿又窜到屋内。为了不影响孩子做作业，丁芬拿起烧火棍，把大黄狗赶出了院子。狗一跑出去，很快便不见了踪影。天黑的时候，男主人下班回来了，与他一起回来的，还有那只焦躁不安的大黄狗。一进屋，丈夫便对她说："大黄狗今天竟然跑到我们单位，咬着我的衣服把我叫回来了，真是太神奇了！"当时她听了也有些吃惊，因为丈夫的单位离家有十里多路，大黄狗从没去过，它是怎么找到丈夫单位的呢？

吃饭时，大黄狗只吃了两口便不吃了，并且围着主人"呜呜"乱转，像是在哭泣，又像是在哀求。主人呵斥它，它竟然对着主人狂吠，后来，它竟然悄悄溜进里屋，将主人年幼的小儿子叼起来就向外跑，年仅2岁的小孩吓得大哭起来，她和丈夫惊叫一声，扑上去抢救儿子。大黄狗扔下孩子，又一口撕裂了她的裤脚。"这狗可能是得了狂犬病，咱们赶紧把它打死吧，否则咬了别人，后果就严重了。"丈夫不由分说，操起家伙，一铁榔头将狗打死在地。

大黄狗死后不到6小时，第二天凌晨时分，唐山大地震发生了。瞬间山崩地裂，房屋倒塌，丁芬全家都被埋在了废墟下面，她的丈夫和三个孩子当即遇难，只有她后来被抢救出来，全家只留下她一个人。

每当回忆那场大灾难时，幸免于难的丁芬都情不自禁地泪流满面，她说："对那条大黄狗，我永远是有愧的，如果它当时会说话，那该有多好啊！"

牛也是人类最好的朋友之一，它同样也挽救过主人的性命呢。1981年8月12日清晨，内蒙古丰镇常山窑村被一连声的吆喝惊醒了：

「关注地震前兆」

"快回来,你往哪里跑?"紧接着,村头出现了一头狂奔的小牛,一个壮实的中年男人手拿木棒,在后紧紧追赶。"天宝,你要把牛赶到哪里去?"熟识的村民不解地问。"不是我赶它走,是它自己要跑。"中年男子一边追赶,一边气喘吁吁地说。

原来,中年男人名叫宋天宝,这天清晨,他家喂养的一头3岁小牛,突然莫名其妙地挣断绳索,像发疯一般跑出了圈门。宋天宝怕牛跑丢,赶紧穿上衣服在后追赶。他跑啊跑啊,一直跑到5里外才将牛追上。在其他人的帮助下,他将绳索重新拴在牛的鼻子上,并将它硬拉了回来。

可是,回村后的牛却烦躁不安,它一反常态地不吃草,不饮水,还不时用鼻子闻地,用蹄子刨地,偶尔还"哞哞"直叫。"牛是不是生病了?你赶紧请兽医来看看吧。"妻子提醒。宋天宝赶紧把兽医请来,可兽医检查了半天,却查不出牛究竟哪儿出了问题。"会不会是要发生地震呢?"这时有个在乡里上学的学生说,"我们前不久才听过地震知识宣传,看你们家牛的反常行为,有可能是地震发生的前兆呢。"听学生一说,村里的人都觉得有道理,于是大家提高警惕,晚上都穿着衣服睡觉,并且都不关大门。结果,第二天上午当地发生了5.9级地震,而常山窖村恰好是极震区,地震造成大量房屋倒塌。但由于震前小牛"报"信,村民们都没受到多大伤亡。

不过,以上只代表一些特殊个例,并不能说明家畜就能真正"预报"地震。但在地震多发的地区,人们应多注意观察家畜的行为,如果它们表现十分反常,就要多加小心了。

地震逃生自救及防御

不要盲目往外跑

地震来临时，大地震动，房屋摇晃，灾难随时都会降临，如果当时你正在屋内，你会怎么办？

跑！可能很多人第一时间都会想到从屋内逃出来。不过，对灾难性的强震来说，逃跑并不是上策，相反，在逃跑的过程中，有时反而会遇到更大的危险，甚至被夺去生命。

咱们先来看一个真实的例子。

2008年5月12日14时28分，汶川大地震发生时，四川北川羌族自治县猛烈震动，房屋摇晃不已。当时在县城一幢楼房内上班的某单位员工，全都被突如其来的强震掀翻在地，爬起身来后，大家心里只有一个念头：赶快跑出去逃命！

此时大地仍在猛烈颤抖，楼房摇摆不止，似乎很快就会垮塌。距离楼门不远的一名年轻职工爬起身后，不管三七二十一，直接朝楼外冲去。他刚刚冲到门口，房顶上突然掉下一大块砖头，这名年轻人猝不及防，脑袋被砸个正着，一下倒在地上停止了呼吸。见此情景，屋内的人们不敢再往外冲了，大家就地寻找避险的地方，直到震动减弱后，才赶紧从屋里逃了出来。

如果当时这名年轻人不贸然冲出门来，而是待在屋内避险，那么他很可能会安然无恙，因为这幢楼房虽然在地震中严重变形，但却矗立不倒，为里面的人们提供了安全庇护。

像这名年轻人一样，汶川大地震中的许多遇难者，不是死在房屋内,而是在地震发生时,盲目逃跑遇难的。在四川都江堰市,有一名30多岁的妇女,也是在逃跑途中遇难的。大地震发生时,这名妇女正在家里打扫卫生,房屋猛烈摇晃,她吓得一个激灵,赶紧丢下拖把,惊慌失措地从屋里冲了出来,没想刚跑到院子里,年久失修的围墙倒塌下来,当场将她压在了下面——如果她当时不盲目往外跑,就不会被死神夺去生命了。

这些活生生的事例告诉我们:当大地震来临时,不要惊慌失措,更不要盲目向户外跑,因为在逃跑的过程中,有可能会遭遇从天而降的碎玻璃、砖瓦、广告牌等,此外,水泥预制板墙、自动售货机等也有倒塌的危险,如果此时慌慌张张向外跑,有可能会遭遇"灭顶"之灾。

那么,地震来临时该怎么办呢?专家告诉我们:首先要冷静,应根据震动的强弱来决定是否往外跑:当震动比较弱时,可以迅速往外跑(不过,如果你当时在高楼上,那就最好不要跑了,而且在跑的过程中,也切记不能乘坐电梯);当震动十分强烈时,千万不要盲目往外跑,而应在屋内就地寻找较为安全的地方避险。

公共场合要冷静

除了工作场所和家里,我们可能还会在商场、影剧院、书店、地铁、公共汽车等公共场合遭遇地震。

那么,在这些地方与地震不期而遇,应该怎么办呢?

先来看看发生在加勒比岛国海地的一次大地震。2010年1月12日下午(当地时间),海地首都太子港的一家大型商场内人头攒动,熙熙攘攘,爱美的年轻姑娘在衣服专卖楼层挑选着漂亮衣服,妇女们忙着在货架上采购生活用品,孩子们则在商场的书柜前津津有味地看书。一切和往常一样,商场内欢声笑语不断,谁也没有意识到一场可怕的灾难正悄悄逼近。

16时53分,地震悄然来临了,一时间,大地猛烈震动,楼房摇摇欲坠,商场内各种声音混杂在一起,商品和货物像骤雨般从货柜上倾泻而下,扑头盖脸地砸下来。人们哭喊着、尖叫着,不顾一切地往外逃跑,有些人没跑几步,便被倒塌的货柜砸得头破血流,有人甚至当场遇难。大家拥挤在一起,有人被挤下楼梯,掉到了楼下;有人摔倒了,后面的人从他身上踩了过去……死伤的人越来越多,哭喊声震天动地。当大地停止震动后,现场尸积如山,惨不忍睹——这场7.3级的强烈大地震,造成海地全国22万多人死亡,近20万人受伤,其中死于商场等公共场合的遇难者不计其数,而在这些遇难者中,不少人是被踩踏致死,或者是因其他人为原因导致死亡的。

专家指出,商场是人群集中的地方,特别是大型商场和超市,地震袭来时,如果每个人都急着逃跑,就会发生踩踏等人为灾祸,有时候，人为灾祸造成的伤害甚至比地震本身还可怕。所以，当地震猝然来临时，一定要冷静，要听从现场工作人员的指挥，不要慌乱，不要拥向出口，避免被挤到墙壁或栅栏处。要尽量在商场内墙角处躲避，如果来不及，也可以躲在柱子旁边，同时用手护住头部（但如果是镶嵌了大理石的柱子，则要小心，因为大理石很容易从框架结构中脱落伤人）。千万记住：不能蹲在出入口（以免被踩踏），也不能蹲在大厅中间（以防顶部的吊灯或装饰物掉落伤人）。

当你在影剧院、体育馆等处遭遇地震时，同样不能惊慌，不要乱跑、乱挤，应就地蹲下或趴在排椅下，并用书包等保护住头部。如果你的头顶上方正好有吊灯或电扇，要赶紧避开，谨防它们掉落。地震过去后，不能一窝蜂地向外逃，应听从工作人员指挥，有组织、有次序地撤离。

当你在地铁内遇到地震时，若乘务人员等有关人员没有明确指示，千万不要跑到车外，应听从乘务人员的正确指挥。地铁内发生大混乱是最危险的，你一定要注意：千万不能被卷入到人流当中去！地震发生时，在还没有引起混乱的情况下，你要用双手护住后脑部，在车内躺下来，或屈身用膝盖贴住腹部，将脚尖蹬住椅子或墙壁；若车内一片混乱，则应立即紧缩身体，在人群中用双手抱住后脑部做好防御姿势。

在行驶的公共汽车内遭遇地震，要抓牢扶手，以免摔倒或碰伤，若没有扶手可抓，一定要降低重心，躲在座位附近，待地震过去后再下车。

救命的桌子

大地震发生时，屋内哪些地方比较安全呢？

咱们还是先来看一个真实的事例。

2008年汶川大地震发生时，一个70岁老人的明智选择，让她躲过了生死劫难。

当时，这位老人正在厨房里忙碌。她刚刚打燃灶火，准备往锅里放腊肉时，房屋猛烈摇晃起来。老人一个激灵，下意识地赶紧关上灶火。她正想伸手端锅时，不想钢精锅一下被摇倒在地上。

此时，房屋瑟瑟抖动，随时都会倒塌。老人跟跟跄跄走到客厅，巨大的恐惧感让她不知所措。

"大妈，快跑吧，再不跑就来不及了！"这时，对门的邻居——一对年轻的夫妇一边跑，一边大声叫喊。一转眼，他们就已经跑到下一层楼去了。

老人紧跟着跑了几步，走出屋门，她看到楼梯间泥沙下掉，尘灰飞扬。

垮塌，随时都可能发生。

"可能还跑不到楼底下，这房子就要倒了。"老人一下清醒过来，她重新回到了屋里。

可是,到哪里躲安全呢?她焦急地四处张望,最后选中了厨房里的餐桌。

餐桌是一张楠木做的桌子,十分结实。她刚刚钻到桌子底下,房顶便"轰"的一声垮塌了下来。

尘灰四起,无数的砖石砸在餐桌上,她听到头顶上"乒乒乓乓"一阵乱响。再后来,她被笼罩在了黑暗之中。

房屋倒塌了,不过,依靠餐桌支撑的小小空间,她在被埋20多个小时后获救。

与这位老人一样,一位名叫李强的中国游客也在尼泊尔地震中,钻到一张坚固的桌子下幸免于难:2015年4月25日大地震发生时,李强正在加德满都大白塔附近的一家咖啡馆喝咖啡,突然之间房屋摇晃,杯子猛烈抖动,客人们吓得尖叫着,纷纷起身往外冲。李强在第一时间也想冲出去,不过客人太多堵着门,而且他的腿脚也有点不方便。情势万分危急,他灵机一动钻到桌子下面,紧紧抱着桌腿。房屋吊顶很快塌下来,一些来不及逃跑的客人被砸得鲜血直流,有人甚至不幸遇难,而桌子下面的李强却安然无恙。

这两起事例告诉我们:地震来临时,在屋中的人们应冷静对待,特别是行动不便的老人和小孩,若不能立即跑到安全地点,千万不可鲁莽行事,应在房内选择较为安全的地方避险。

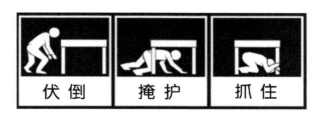

那么,哪里比较安全呢?专家根据统计指出,地震最危险的伤害因素并非轰然塌下的屋顶,而是四处乱飞的家什和碎玻璃,因此,地

震发生时,首先应顾及的应是你自己与家人的人身安全,这时应选择在重心较低、结实牢固的桌子下面躲避。有一个避震口诀说得好:"伏倒、掩护、抓住",意思是在地震来临时要赶紧钻到桌子下边,或用靠垫捂住最脆弱的头部,手牢牢抓住桌子腿并做好桌子大幅度移动的准备。

挡住死神的拐角

在家里遭遇突如其来的地震时,如果身边没有坚固的桌子,应该到什么地方躲避危险呢?

一个8岁小男孩智救弟弟妹妹的真实故事,也许能给我们带来一点启发和借鉴。

2014年8月3日,云南省鲁甸县发生6.5级地震,震中龙头山镇许多房屋垮塌。当地震袭来的那一刻,该镇翠屏村一个叫沈兴阳的小男孩带着弟弟、妹妹,在自家房屋倒塌、整个院子成为一片废墟的情况下,成功逃过了死神的魔爪。

沈兴阳是一名8岁的男孩,地震发生前,他正带着弟弟妹妹在家里玩耍。院子外面,他们的母亲王跃菊与丈夫、婆婆等人正在花椒地里摘花椒。突然之间,王跃菊感到地面在颤动,而花椒树也猛烈摇晃起来。"这是怎么回事?"王跃菊心里一惊,她还没明白过来,只听"哎哟"一声,婆婆从花椒树上摔了下来。"地震了!地震了!"大家这时才反应过来,他们不约而同地把目光转向自家房屋。哪里还有房子!眼前只剩下一片废墟,尘土四处飞扬,让人的眼睛无法睁开。

"孩子们还在屋里!"王跃菊突然大叫一声,她发疯般冲向废墟,丈夫、婆婆等人也喊着孩子们的名字，钻进尘土笼罩的废墟里。

大人们拼命用双手在废墟上刨着，一边刨一边叫喊。正在这时，沈兴阳的哭喊声从另一边传来："爸爸妈妈赶紧来救我，我手脚都断了……"王跃菊赶紧跑过去，在一个瓦砾堆里发现了小兴阳。他只有半个脑袋露在外面，而弟弟妹妹则完全不见了踪影。"你弟弟妹妹呢？"王跃菊心里一沉。"他们都还活着，就在我旁边。"沈兴阳哭着喊。

大人们赶紧扒开废墟，当石板被抬开后，下面出现了一个小小的三角空间，小兴阳和弟弟妹妹全都在这个空间里。见孩子们都还活着，大人们喜极而泣，经过一番抢救，3个孩子成功脱离了险境。

原来，3个孩子躲避的地方是一个楼梯拐角，那里正好停了两辆摩托车。房屋坍塌时，倒下来的石块和瓦砾被摩托车挡住，正好形成了一个安全的三角空间。

那么，在地震发生的一瞬间，3个孩子是怎么跑到这个楼梯拐角的呢？据小兴阳讲，地震发生前，他和弟弟妹妹正在堂屋里玩耍，当房屋猛烈摇晃时，他立马拉着他们往外跑。这时四处都在坍塌，他不敢再跑了，赶紧拉着弟妹躲进了这个拐角处。在狭窄的三角空间里，他和弟弟妹妹躲过了死神魔爪。

"你当时为什么要朝楼梯拐角处跑？"事后，当记者采访小兴阳时，脸上挂着伤的他自豪地回答："这是学校老师教的。"

小兴阳的事例告诉我们，在家里时，面对突如其来的地震，应选择屋内比较安全的避险区域躲避。一般来说，房屋承重墙的墙角、墙根下，以及厨房、厕所、储藏室等开间小的地方比较安全，此时应迅速跑到这些地方，双手抱头蹲下（最好是用靠垫捂住头部）。如果时间允许，还可将屋门打开，以确保出口——因为钢筋水泥结构的房屋，在地震的晃动下会造成门窗错位而打不开，因此一有晃动应迅速将门打开。

专家指出，为躲避灾难，实现自救，每个家庭的成员平时都应学习一些地震知识，掌握科学自防自救的方法。家庭不妨在平时搞一些防震演习，如假定地震发生时，每个家庭成员应该如何防灾，如何疏散和躲避等，以防真的灾难来临时手忙脚乱。此外，家庭中还应准备一些纱布、绷带、药棉、消炎药等，以备家中有人受伤时止血和包扎。

保护好你的头部

前面咱们说的都是在室内遭遇地震的例子，现在说说在户外遭遇地震时该怎么办。

户外有两种情形，一种是身处城市的危险地带，比如房屋密集的街巷、陈旧的建筑物下等；另一种是置身山区，四周全是高山。

先来说说第一种情形。

还是举一个例子吧。2013年4月20日上午8时，四川芦山县发生7.0级强烈地震，一时间大地震颤，地动山摇，距震中芦山县仅十多千米的雅安市摇晃得十分厉害。当时已经是上午，习惯早起的人们侥幸躲过了惊吓,不过,也有一些在户外的人却不幸受伤"挂彩",其中,一名姓刘的大妈便是"挂彩"者之一。

  地震发生时,刘大妈正准备前往菜市场买菜,当她走到街口处,突然听到四周传来一阵"哗哗哗哗"的响声,同时脚下有些晃动。这是怎么回事呢?她抬头一看,发现周围的楼房都在摇晃。遭了,发生地震了!她心里一阵慌乱,赶紧回头朝家的方向跑去。此时,一些楼房上不停往下掉落物件,但刘大妈并未意识到危险。跑着跑着,一个花盆突然从天而降,一下砸在她头上,鲜血顿时冒了出来。"老太婆,不要跑了,危险!"周围有人大喊。刘大妈惊醒过来,赶紧跑到了安全的地方。

  这个事例告诉我们:户外避震时一定要注意"天外飞物",特别是当你身处城市房屋密集之地时,务必要记得保护好你的头部,如果手中有手提包之类的物件,要赶紧顶在头上,即使没有手提包,也要用双手紧紧护住头部,因为脑袋是一个人最伤不起的地方。谨防天外飞物的同时,还要切记不能靠近水泥预制板墙、门柱、有玻璃幕墙的建筑,避开变压器、电线杆、路灯广告牌、吊车等等。

  好了,下面咱们再去看山区户外如何避震吧。

  山区遭遇大地震时,最可怕的当然是山体滑坡(关于山体滑坡,我们接下来再单独介绍)。除了山体滑坡外,山上滚落的飞石也很可怕。2014年8月3日,我国云南鲁甸发生6.5级地震,因为鲁甸是山区,在大地的猛烈摇晃下,大大小小的石头从山上滚落下来,给当地民众造成了较大伤亡。而在2015年4月的尼泊尔大地震中,飞石砸死砸伤的人更多。专家指出,地震发生时,那些"从山而降"的石头有大有小,大的可达数百千克,小的仅鸡蛋大小,当它们从山下滚落下来时,由于重力加速度的缘故,往往会造成较大伤害。如果不注意保护头部,被这些石头不幸砸中,轻则受伤,重则毙命。

那么,山区遭遇地震该怎么办呢?首先,当然是要注意保护好头部,同时要避开山边的危险区域,比如陡峭的山坡、山崖、陡崖等,尽量跑到开阔的地方去。如果实在跑不及,也可以躲在结实的障碍物下,此时保护头部尤其重要(如果有头盔戴上最好)。其次,如果发现山上滚落石头,而又没地方可躲藏时,千万不能顺着滚石方向往山下跑,而要向垂直于滚石可能运动的方向跑。在及时躲避危险的滚石后,迅速寻找并撤离到开阔、不会受滚石影响的地带。

他教会学生逃生

说完山区避震,咱们再回过头说说学校。

学校是一个人群集中的地方,更是防灾避险的关键之所,地震来临时,学校往往面临巨大的危险。

那么,学校特别是中小学校的孩子,应该如何避险呢?

「地震逃生自救及防御」

在汶川大地震中,灾区不少学校遭受了巨大灾难,许多祖国的花朵被地震夺去了鲜花般的生命。但在重灾区绵阳的一个乡镇学校,全校学生却在地震中安然无恙。

创造这一奇迹的,是一个受人尊敬的老校长。

地震发生时,这位校长当时并不在学校。在外面办事的他,从废墟中爬出来后,立即往学校赶去。此时他的脑海中,全是学生们的安危。他们躲过了灾难吗?现在怎么样了?他一边幻想最坏的结果,一边发疯一般赶往学校。

到达学校后,只见在学校的操场上,学生们秩序井然地坐在地上。看到他,老师们赶紧向他报告:地震发生后,学生们按照平时演练的程序,迅速撤离教室,全校没有一个学生受伤!

闻听此言,这位老校长一下泪流满面。可以说,他这是心情彻底放松后的激动之泪,也是他多年注重学生安全的幸福之泪。

原来,几年前他当上这个学校的校长后,就一直十分注重学生的安全问题。日本学校经常开展的地震应急演练,让他十分欣赏,并决定借鉴这一做法。每个月,他都坚持让学校开展应急演练,在假设灾难来临的情况下,组织学生迅速逃生,并从中掌握防灾避灾的知识和技能。

几年的坚持,他教会了学生如何逃生的本领,收到了防灾避灾的奇效。

汶川大地震之后,许多学校也都把应急演练作为一项日常工作。下面,咱们不妨去看看一个乡村学校是如何演练的。

"滴滴滴滴",随着地震铃声响起,班主任老师立即发出口令:"注意,地震了,同学们,快蹲下!"孩子们闻言,迅速用双手护住头部,齐刷刷地蹲在课桌下。大约1分钟后,第二次铃声响起,表示主震结束、学生可以撤离了。"同学们,请按照我的口令,迅速撤离!"老师再次发出指令,学生们迅速排好队,并安全有序地快速撤离。近千名学生，只用了短短3分钟时间，便完成了从"地震"开始至校门口集结完毕的整个演练过程。

演练，对学校防御地震灾难是十分必要的。专家指出，学校人员集中，且学生大多是未成年人，防灾避灾能力较弱，因此，学校避灾教育十分重要，平时应结合教学活动，加强防灾知识的教育，向学生普及地震知识和防震常识，并经常组织开展防震演习，安排好学生转移、撤离的路线和场地。

学校逃生要诀

2012年5月28日，天气十分闷热，唐山英才学校6年级3班的学生们正在4楼的教室里考试。

10时22分，正当大家专心考试时，窗外突然传来一声巨响。

"大货车真讨厌！"大多数学生以为是楼下工地大货车卸货发出的声音，有人情不自禁地嘟囔着。

响声过后,课桌突然摇晃起来,紧接着,塑料杯里的开水也跟着颤动起来。老师下意识地朝窗外望了望,几个孩子也停下了手里的笔看着她。

第一次晃动过去,仅仅过了两秒钟,第二次晃动又来了。老师不由自主地"呦"了一声,她明白发生地震了。不过她并没有慌张,而是赶紧伸出右手快速往下挥了几下,同时发出指令:"快蹲到桌子底下!"

在3秒钟内,大部分学生熟练地用双手抱头蹲下来,并把头埋在课桌下面的空间里。最胖的那个男生由于太急没蹲好,一屁股坐在地上。老师正要过去帮他时,发现最后一排的小男孩撒腿要从后门往外跑。

"你瞎跑啥呀!这是4楼,你能跑出去吗?还不快钻到桌子底下!"老师赶紧让他也蹲到了桌子下面。

而在楼下的五年级2班教室里,工作刚刚一年的雷老师也让学生们赶紧蹲到了课桌下面。"老师,怎么办?"一个女生眼泪汪汪地看着她说。

"别害怕别害怕别害怕……"雷老师不停安慰大家,同时按照往日地震逃生演习时的做法,把教室门打开,防止门框受挤压变形,导致无法打开门逃生。

广播里没有传出撤离的指示，雷老师只好站在楼道里观察情况，准备安排学生疏散。每隔几秒钟，她便朝教室里说一句："别动别动，就在桌子底下蹲着。别害怕别害怕，有我呢！"她的声音急促，并且有些颤抖，直到"撤退"的指令下达后，她才赶紧组织大家撤离到操场上去了。

据中国地震台网发布的信息，这场地震发生在河北省唐山市辖区和滦县交界，震级4.8级，震源深度8千米。北京、天津部分地区有震感。而英才学校所处的滦南县震感很强烈。但在学校老师的正确指挥下，这所学校2000多名师生有序撤离建筑物，无一人伤亡。

唐山英才学校师生在地震中的表现，为我们躲避地震危害做出了示范。专家指出，如果正在上课时发生地震，正确的办法是就近躲藏：靠墙的同学紧靠墙根蹲下，中间的同学马上钻到课桌底下，要迅速抱头，闭眼趴下（闭眼的目的是避免碎玻璃或其他杂物伤害眼睛），千万不能从楼上跳下，不要站在窗外，更不要到阳台上去；学校领导和教师要冷静、果断，沉着地指挥学生有秩序地按疏散路线撤离，切不可慌乱从事，以免挤伤、踩伤。如果室外有危房或高楼，切不可出来。

如果在课间时发生地震，不要慌乱，应就地找比较安全的地方闭眼趴下（如课桌下、承重墙角墙根下、厕所承重墙角等），并注意避开高大建筑物或危险物。震后应当有组织地撤离，不要再回到教室中去。如果学校是楼房，地震发生时一定不要慌忙拥挤往楼下跑，或从窗口往楼下跳，应就地闭眼趴下，并要记住：不要急忙跑回家，要听从老师的指挥。

山体滑坡两侧跑

前面咱们说过,山区地震时最可怕的是山体滑坡。

山体滑坡和山岩崩塌,可以说是地震在山区最厉害的"帮凶"。古今中外,不知有多少人在地震中被掩埋在了山岩之下。

1718年6月19日,我国的甘肃南部地区发生7.5级大地震。那场惨烈地震的遇难者,十有八九是被倒塌的山体掩埋致死的。据记载,当时一座叫"笔架山"的山峰在地震中崩塌后,当场便压死了四千余人,而在另一个地方,山体滑坡造成的灾难更加严重:一座大山垮塌后,将一座城镇和一个村庄全部掩埋,死伤者达三万余人。

2008年汶川大地震发生时,由于地面剧烈摇晃,使得四川重灾区的许多山体纷纷垮塌,出现了严重的山体滑坡现象,特别是北川、汶川等地震中心发生的山体滑坡、崩塌等难以计数,直接死于山体滑坡的遇难者成千上万。当时,在通往四川重灾区汶川县的路上,参与抗震救灾的队伍，就遇到了无处不在的山体滑坡，有志愿者这样描述：从理县古尔沟以下，汽车行进完全可以用惊心动魄来形容，这里的山体滑坡成片成片连接在一起，有的地方整座山完全垮塌了，武警战士和工人就用推土机推出窄窄的一条路，仅仅够汽车通过。而在这样危险的地方，上面的山体还在不断往下滚落沙石。从理县到汶川的道路更加艰险。有一段长达10千米的路面完全是山体垮塌后依靠推土机推出来的。在一个滑坡处，志愿者的汽车正要经过时，余震突袭，上面突然滑坡，刹车已经来不及了，一车人的心顿时都提到了嗓子眼。司机猛轰油门，快速前冲。那一瞬间，大家只听到车顶和车窗"叮当"直响，轰鸣声不绝于耳，似有千万沙石打在车上。汽车冲过去后，大家有一分钟时间没有说话，每个人的脸色都显得很苍白。

2013年4月20日的芦山大地震中，震中芦山通往宝兴的路上也发生了多处山体滑坡，给救援行动造成了很大威胁。

那么，遭遇山体滑坡、崩塌等地质灾害时应如何躲避呢？专家告诉我们，发生山体滑坡时，如果当时你正在滑坡体上，要迅速环顾四周，向较为安全的地段转移。一般向山坡两侧跑为最佳方向，因为在向下滑动的山坡中，向上或向下跑是很危险的，当你无法跑离时，应就地抱住大树等物体或原地不动。当你处在滑坡体前缘或崩塌体下方时，应迅速向两边跑离，尽快脱离危险区。

遇泥石流向上跑

凶恶残暴的泥石流，是地震的一大"帮凶"。

由于地震造成大量的山体滑坡和岩石垮塌，这些垮塌下来的泥土和石块，一旦与水结合，就会在自身重力作用下，形成凶猛可怕的泥石流。

咱们来看一个发生在秘鲁的真实故事。

1970年5月31日。这一天，南美洲的秘鲁潘拉赫卡城等地刚刚经历了一场7.7级的地震。幸存下来的人们，扶老携幼地向相对安全的地方转移。

"同胞们，你们遭遇了这场不幸的灾难，请大家不要悲伤，有我们和你们在一起，相信灾难很快就会过去的。"第一时间赶来救援的政府官员瓦莱乔高声安慰大家。

食物和水很快送到了人们手中，大家的心稍稍安定下来。

很快，瓦莱乔又和救援人员一起，到废墟中寻找生还者。

没有人知道，一场更大的灾难正悄悄逼近。

原来，在潘拉赫卡城的后面，有一座叫瓦斯卡蓝的陡峭大山。地震发生时，这座大山的北峰发生了严重的山体滑坡和崩塌，垮塌下来的大量泥石，与河水混合在一起，形成了可怕的泥石流。在自身重量的作用下，黄色的泥浪像一匹脱缰野马，发出震耳欲聋的吼声，疯狂地直向山下冲去。

泥石流所过之处，草地、庄稼、房屋被淹没，树林被摧毁，到处是可怕的泥浆和沙石。

山下的人们，此刻正紧张地在废墟中搜寻着生还者。

"你们听到什么声音了吗？"瓦莱乔突然停下手中的工作，问身旁的人。

"听到了，是轰轰隆隆的声音，可能是部队的直升机赶来救援了吧？"身旁的人回答。

"我感觉不像是直升机的声音。"瓦莱乔下意识地抬头看了看身后的大山，只见青山苍翠，并没看到什么灾难迹象。

说话间，"轰轰轰轰"的声音越来越近，侧耳聆听，这声音就来自身后的大山。

瓦莱乔赶紧爬上一块突出的高地，紧张地四处张望。这时，他看到山顶处，有一条"黄线"正从大山上快速往下移动。

"大家赶紧转移，灾难要发生了！"瓦莱乔一个激灵，迅速背起就近的一个小孩往高地上跑。

转眼间，那条"黄线"迅速变粗，惊天动地的吼声越来越近。

在瓦莱乔等人的目光注视下，黄色的泥浪以摧枯拉朽之势，从山上倾泻而下。只见泥浪滚滚，泥浆四溅，一个个巨大的山石在泥流中滚动，发出"轰轰隆隆"的声音。

泥石流以80~90米的流速，将所过之处的所有东西全部冲毁、掩埋，来不及逃跑的人和动物瞬间被泥浪掩埋得无影无踪。

这是一次特大的泥石流灾害！泥石流长途奔袭了160千米才停止，泥石流携带的固体物质达到1000万立方米以上，掩埋了秘鲁的阳盖镇和潘拉赫卡城的一部分，18000人葬身其中。泥石流直接造成的伤亡人数，占到了整个地震受害者总数的百分之四十，成为南美洲地震史上的空前灾难事件。

一般来说，地震之后的山区，特别怕遭遇强降雨天气，特别是在暴雨的冲刷下，泥石流形成的可能性极大。那么如何防范泥石流呢？

专家告诉我们，由于泥石流往往是局地强降水引发的，所以，关注是否有强降水天气预报，是躲避灾害的首要条件。针对野外遭遇泥石流如何避险，专家还专门支招，提出了几点建议：

一、沿山谷徒步，一旦遭遇大雨，应迅速转移到安全的高地上，不要在谷底过多停留；

二、注意观察周围环境，特别留意是否听到远处山谷传来打雷般的声响，如听到要高度警惕，因为这很可能是泥石流将至的征兆；

三、发现泥石流后，要马上向与泥石流成垂直方向两边的山坡上面爬，爬得越高越好，跑得越快越好，绝对不能往泥石流的下游跑。

堰塞湖下快转移

堰塞湖也是地震的"帮凶"。堰塞湖崩坝造成的灾难，有时是地震直接灾难的数倍甚至数十倍。

在中国，堰塞湖灾难最典型的事例，莫过于1933年的四川叠溪堰塞湖灾难。

1933年8月25日，四川省茂县的叠溪县城正举办盛大活动，几个羌族艺人虔诚地在城隍庙里为城隍老爷"穿衣戴帽"，一群羌族小孩兴致勃勃地围着观看。中午，晴朗的天空突然传来"轰隆"一声巨响，一场7.5级大地震发生了。在强烈的震撼下，茂县一带的岷江河谷山体岩石纷纷垮塌，特别是岷江两岸的银瓶崖、大桥、叠溪三处山体发生了可怕的山体崩塌，成千上万方岩石从山上倾泻而下，将岷江彻底阻断，出现了三个巨大的堰塞湖。

可怕的灾难还在继续。地震发生之后，岷江上游的天气一反常态：

连续一个多月日月无光,阴雨连绵。无休无止的降雨,使得河水猛涨,堰塞湖水量与日俱增,水位日日上涨。10月9日傍晚7时许,茂县叠溪下游的受灾群众煮好稀粥,正准备吃晚饭时,突然听到上游传来雷鸣般的"轰隆"响声,数十秒钟后,排山倒海般的巨大山洪突奔而至。急流滚滚,浊浪排空,刚遭受地震灾难不久的群众,再次遭受了灭顶之灾。不少人被卷入激流中冲走,人们临时搭建的居住点也被一扫而光。

原来,这一天叠溪堰塞湖的坝体被大水冲开,大坝发生了可怕的崩塌,上亿方湖水奔涌而出,掀起20多丈高的巨浪直冲下游。洪水急流以每小时30千米的速度急涌茂县、汶川,两县沿江的大定关、石大关、中滩堡等数十村寨全被冲毁。洪水荡平茂县、汶川的岷江河谷后,又直向下游冲去。10日凌晨3时,洪峰到达灌县(今都江堰)时,仍掀起4丈高的巨浪,灌县沿河两岸的房屋也被蜂拥的洪水一扫俱尽。洪水继续奔泻,岷江下游的郫县、温江、双流、崇庆(今崇州)、新津等地水满为患,遭受了巨大灾害。

据不完全统计,此次叠溪堰塞湖崩坝,造成至少2500人死亡。可见,堰塞湖造成的灾害是多么巨大!

2008年汶川大地震中,四川省北川县因山体垮塌形成了一个可怕的堰塞湖——唐家山堰塞湖。据专家计算,如果唐家山堰塞湖水位涨满,绵阳市的上游将会出现一个总容积约为3.2亿立方米的巨大"悬湖"。与此同时,广元、阿坝、德阳等市州也因大地震"催生"了33个大大小小的堰塞湖。这些堰塞湖都有一个特征:有着大型水库的库容,但却没有与大型水库高度一致、坚固稳定的坝体,也没有与之配套的溢洪道,一旦水位上涨至坝顶,产生漫溢,就有造成堰塞体溃决的危险。

排除堰塞湖险情，最有效的办法是利用人工干预，即对堰塞湖坝体进行有效疏导，使其不再对河道形成堵塞。除了排解险情，堰塞湖周边及下游的人们还应加强自我防范：

一是安全转移。堰塞湖形成后，最令人担忧的是暴雨天气。暴雨会使堰塞湖水猛涨，造成湖水翻越坝体，并形成崩坝灾难。因此，专家建议，堰塞湖及其下游地区的群众应按照政府的部署和安排，根据天气预报及堰塞湖的实际情况，在政府的组织下及时撤离危险区域，避免灾难发生。

二是加强防疫。堰塞湖疏浚后，一些地方会被洪水淹没。在洪水消退后，应加强防疫工作。千万不可捡拾上游冲刷下来的东西，也不可在洪水消退后马上回到家里。应在卫生部门做过防疫工作之后，才能回家清理东西，并逐渐恢复生产。

废墟下的十三个日夜

地震时，如果不幸被掩埋在废墟下面，应该怎么办？

地动山摇
DIDONGSHANYAO

生与死只在一念之间，只有绝不放弃，才能获得生的希望。

2003年12月26日凌晨，一场6.3级的地震降临伊朗巴姆古城，很多人被埋在废墟下不幸遇难。但一个叫贾利勒的57岁男人，却在废墟中顽强坚持13天后终于获救。

在黑暗中的这310个小时——近19000分钟，贾利勒是怎么挺过来的呢？

等待与希望，可以说是他全部的精神支柱。

先从他遭遇灾难的时候说起吧。地震的前一天，也就是12月25日，贾利勒来到了巴姆城，他的家在距巴姆城20千米之外的一个小村庄。这次进城，除了看病，他还想顺便看望一下自己住在城里的妹妹。

12月26日凌晨，地震发生了。贾利勒当时正在城里的一家医院住院。地震过后，他的妹妹和几个亲戚一起，跑到医院寻找贾利勒，却发现整座医院已经成为一片废墟。

"哥哥，你在哪里？"妹妹和亲戚们一边高喊，一边和救援人员一起在残垣断壁中寻找。他们找了半天没找到贾利勒，于是只好在失踪人员名单上登记了贾利勒的名字。

其实，贾利勒此时已经被埋在了深深的废墟下面，不过，他并没有遇难。

原来地震发生时，医院的住院大楼发生了严重垮塌，睡在病床上的贾利勒，身边正好有一个大衣柜，衣柜倒下来将他罩在了里面。

这个大衣柜，不但帮他抵挡了坍塌的房顶，而且衣柜的空间还为他提供了赖以生存的空气。

但如果只有空气，没有水，人一般也很难存活三天。幸运的是，衣柜罩住的地方，有一小桶水。这一小桶水，有可能是病房用来清除垃圾的水，也有可能是哪个护士用完没提走的水，反正它成了贾利勒的救命之水。

没有人知道在废墟下的13个黑暗日子，贾利勒是如何度过的。

嘶喊几个日夜期待救援、用手挖地上的泥土充饥、背诵波斯著名诗篇以驱除无边的孤独……贾利勒始终没有放弃生的希望，他顽强地与黑暗、孤独、饥饿做着不懈的斗争。

13天后，当人们挖开废墟，打开大衣柜，从碎石破瓦中将贾利勒拉出来时，他已经骨瘦如柴，奄奄一息，身上多处肌肉腐烂。

当人们发现他还活着时，都惊呆住了。

"你叫什么名字？"人们呼唤着这个坚韧的生命。

"贾利勒。"贾利勒努力睁开眼睛，气若游丝地说出了自己的名字，随即便陷入了昏迷之中。

获救后的贾利勒立即被送到巴姆的国际红十字会医院救治。他的主治医生迈赫迪·沙杜什感慨地说："这真是个奇迹！在这十几天中，他没有一点粮食，只有水，然而他却坚强地活了下来。"在医院的抢救下，贾利勒基本恢复了知觉，他会偶尔睁开眼睛，而且能够轻微地呼吸。

不过，由于双肺炎症和严重脱水，贾利勒最终还是在获救一周后离世了，但他顽强不屈的意识和对生命的不懈追求，给世人留下了深深的印象。

绝不放弃，绝不轻言放弃，是这场大地震给予我们的最大启示。

当身体被掩埋在废墟之下,当死神随时都会夺走宝贵的生命的时候,不要灰心,不要绝望,要始终保持强烈的生的希望,要始终相信奇迹很快会发生,生命很快会获救……

生命是伟大的,不过,比生命更伟大的,是生的希望!

废墟下的读书声

2008 年汶川大地震发生时,成百上千的人被埋在废墟之中,其中一个叫邓清清的初中女孩,在地狱一般的漆黑世界中,依靠坚强的意志苦苦支撑并最终获救。

邓清清所依赖的,是她所钟爱的书本。

大地震发生时,邓清清所在的学校教室瞬间垮塌,她被一下埋在了漆黑的废墟中。在等待救援的漫长过程中,邓清清感到十分害怕。所幸的是,她的书包和她在一起。书包里,有她钟爱的书本和一支手电筒——平时,她都会在书包里放手电筒,并经常在傍晚放学回家的路上,一边走路,一边打着手电筒看书。又冷又饿的邓清清在感到害怕时,便拧亮手电,打开书本,依靠知识的力量来排遣心中无边的恐惧和寂寞。当邓清清被武警叔叔救出来时,她还在废墟里面打着手电筒看书。她说:"下面一片漆黑,我怕。我又冷又饿,只能靠看书缓解心中的害怕!"她的话让在场的人无不流泪,班主任老师一下子搂住邓清清泪流满面:"好孩子,只要你能活着出来,就比什么都好。"

这有一个孩子,靠着非凡的勇气活了下来。2010 年的海地大地震中,一名 14 岁的少年被埋在废墟下,靠一张小小书桌支撑的空间存活。他蜷曲着身子,连手臂也不能活动一下。在无边无际的黑暗之中,孤独和寂寞像两条毒蛇紧紧缠绕着他。幸运的是，当时书桌下有一包饼干和一瓶可乐，他用这些有限的食物维持生命。每当害怕或感到绝望时，他就轻声呼唤爸爸妈妈的名字，或者唱歌为自己打气，更多的时候，他是回忆自己经历过的有趣事情……在废墟下坚守了三天三夜后，他终于等来了救援。

专家指出，被埋压在废墟下时，除了坚强的意志和求生的强大动力外，还必须懂得一些相关的自救知识。专家告诉我们，即便是身体未受伤，但也有被烟尘呛闷窒息的危险，因此，要用毛巾、衣服或手捂住口鼻。同时，要想方设法将手与脚挣脱开来，并利用双手和可以活动的其他部位清除压在身上的各种物体，用砖块、木头等撑住可能塌落的重物，尽量将"安全空间"扩大些，并保持呼吸畅通。若环境和体力许可，应尽量设法逃离困境。当无力脱险自救时，则要尽量减少体力的消耗，不要盲目地呼喊乱动。要耐心地静听外面的动静，当有人经过时，再呼喊或敲击出声音求救。

在废墟下时，要千万记住几点：一、不要大哭大叫，不要坐立不安、勉强行动，应保存体力；二、尽量休息，闭目养神；三、如果受了伤，应设法包扎，并注意多休息。

吃青草和蚯蚓保命

被困在废墟下时,除了克服恐惧心理外,还必须努力寻找食物和水,以维持生命。若无法找到水,还必须喝自己的尿液应急,就像咱们在开篇里介绍的尼泊尔青年巴尔马那样。

下面,咱们再通过几个地震中的真实故事,去了解一下被困住时如何获得食物和水。

先来说第一个故事。这个故事的主人公是一名中年妇女,她是一名山区的电站职工,汶川大地震发生时,这名妇女正在电站旁边的一幢楼房内工作。她刚跑出屋子,整座楼房便轰然倒塌在她身上。幸运的是,倒塌的废墟形成了一个三角形的空间,她被压在这个小小的空间内,全身多处受伤,不过生命总算保存了下来。在经历了最初的煎熬和恐惧之后,她不得不再次面临死神的威胁:电站地处山区偏僻之地,如果没有人来施救,用不了几天,她就会被活活渴死或饿死。

不能等死!她在心里给自己打气,不过,四周全是断裂的钢筋和混凝土,根本找不到一点可以下咽的食物。她又在地面上摸了摸,发现身下有一小片青草。原来,这些是院子里长的杂草,平时由于工作较忙,这些杂草还没来得清除。饥渴难耐之下,她拔起一些青草,试着送进嘴里嚼了嚼,青草居然有一丝甜味,而且含的水分不少……没两天,身下地面上的青草便被她拔光了。没有了草,她又挖草根吃。当草根也吃完后,她继续挖下面的湿土,从里面拨拉出了一根根细长的蚯蚓来吃。她脑海中只有一个信念:活下来,一定要活着见到家里的亲人。为了节省食物,她还定时定量,每天只吃三根蚯蚓……依靠吃青草和蚯蚓，她整整坚持了9天9夜，直到山外的人进来后，她才获得了救援。

与上面的中年妇女相比，土耳其人奥美尔还算比较幸运。1999年8月17日凌晨，土耳其中部和西部地区发生7.4级强烈地震。地震发生时，20岁的奥美尔正在睡梦中，被震醒后，他赶紧钻进餐桌下躲避。很快，房屋垮塌下来，他和桌子一起被埋在了废墟下面。幸运的是，在桌子下面，有一小碗狗吃剩下的食物。依靠这碗狗粮和自己的尿液，他在废墟下度过了80多个小时后获救。

还有一个故事。2003年12月的伊朗地震中，一名12岁的女孩依靠一盘米饭，支撑了5天5夜后获救。地震发生时，这名女孩正在厨房做饭，她做了满满一大盘米饭，还没来得及吃，房屋便猛烈摇晃起来。幸运的是，厨房的屋顶并没有完全塌下来。未倒的屋顶，给她留了一个小小的生存空间，使得她能够有足够的氧气呼吸。更幸运的是，她身边的那盘米饭还在，饿了，她就用手抓一把饭送到嘴里，渴了，她就喝自己的尿液。因为担心没人来救，她不敢把盘子里的米饭一下吃完。后来的两天，她都是饿得实在忍受不住了，才吃上那么一小口。5天之后，当救援人员打开废墟，将她从黑暗中救起时，她的米饭居然还剩下一小盘。

专家指出，努力找到食物和水，是生命得以存续下去的前提条件，而当我们找到食物和水时，也要有计划地使用，切勿一下用光，要做好长时间被困的准备。

废墟下发出救命短信

被埋在废墟下时，除了确保自身安全，还要想方设法积极自救。

发出求救信息，是获救最好的途径和方式。下面，咱们看两个利用手机短信救命的事例。

纳丁·卡多佐·里德尔是一名62岁的德国老妇人，2010年以前，她一直在海地的首都太子港经营一家名为蒙大拿的高档酒店。蒙大拿服务的对象是外国游客及官员，生意一直不错，里德尔每天都要在酒店工作很长时间。2010年1月12日，海地大地震发生时，酒店大楼垮塌，独自一人在办公室工作的里德尔瞬间被埋在了深深的废墟下面。

当时，里德尔的右腿受了伤，腰部的肋骨也折断了几根。忍着伤痛，她在黑暗中慢慢摸索。办公桌上的物品掉落一地，文件夹、签字笔、台历……她的手依次摸过这些东西，并把它们一一归拢到了自己脚下，突然，她的手指触到了一件令她万分欣喜的东西——手机。

里德尔知道，在深深的废墟下面，要想获救只能寄希望于这只手机。她捡起来一看，手机完好无损，不过她很快就失望了：手机没有一点信号。

也许过不了多久，手机就有信号了。怀揣希望，里德尔几乎每隔几秒钟就要打开手机看看，但每次都令她失望——她怎么也不会想到，由于通信设施在地震中遭到极大破坏，整个海地的通讯全部瘫痪，短时间内无法恢复了。

随着时间流逝，手机的电量越来越低。不行，得把手机关上，否则电量耗光就完蛋了。她赶紧关上了手机。以后每隔几个小时，她才打开一次手机，一看没信号便赶紧关机……在一次次希望和失望的折磨下，24小时过去了，48小时过去了，72小时过去了。因为没有食物和水，只能靠喝自己的尿液，她的身体越来越虚弱，意识越来越模糊。到了第四天，她几乎已经支

撑不下去了。用最后的一点力气打开手机，突然，她发现手机有了一点微弱信号。她精神一振，赶紧向自己的儿子发去了求救短信。最终，在废墟下被埋四天的里德尔获救了。

同样因短信获救的，还有四名汶川地震中的幸存者。这4个人是四川绵竹市某单位的员工，其中有一名姓傅的行政人员。当时，傅先生像往常一样走到单位二楼巡检，突然之间地动山摇，大楼轰然倒塌，傅先生和3名当班同事被埋进了废墟之中。与此同时，整个绵竹市区电力中断、通信中断，情况万分危急。

"赶紧打电话求救，谁身上有手机？"傅先生被大块水泥板死死压在下面，他想打电话找人来救，然而身上的手机早已不知去向。

"我的手机应该就在你身边，你仔细找一下看看。"一名被压的同事说。

傅先生用手摸了摸，果然摸到了一部手机，不过因为信号微弱，无法打电话出去。他于是编辑了数条求救短信，向亲友们一一发去。幸运的是，这些短信都发了出去。

接到求救短信后，亲友立即组织朋友赶赴现场救援，傅先生等4人终于被成功营救出来，此时距离地震发生仅10个小时。

专家告诉我们，如果被埋废墟下，身边又有一部手机时，获救的

希望就会大大增加。不过，在大地震发生后的短暂时间内，由于通信设施遭到破坏，或者有许多人同时拨打电话，这时求救电话往往无法打通，此时不妨编辑求救短信。若短信也无法发出时，就要像那位德国老太太里德尔一样节约手机电量，每隔一小时或数小时开机一次，一有信号立即打电话或发短信求救。

自断小腿保性命

用锄头砍腿，用锯子锯腿，这些事别说发生在自己身上，就是听起来都骇人听闻。不过，当你被压在废墟下且面临生命威胁时，"舍小保大"不失为一种逃生的选择。

2009年9月30日，印尼苏门答腊岛发生7.9级地震，当地至少有18万座建筑在地震中坍塌或受损，成千上万人被埋在废墟之下，这其中便包括一名叫拉姆兰的男子。

拉姆兰只有18岁，他是苏门答腊岛巴东市的建筑工人。9月30日，拉姆兰和同事们在一家建筑工地上工作时，大地震突然发生了，拉姆兰工作的7层楼建筑不住颤抖，随时都可能坍塌。"赶快逃走！"有人高喊一声，拉姆兰和同事们惊慌地往下飞跑。没跑出几步，一根混凝土横梁突然倒塌下来，狠狠砸在了拉姆兰的右腿上，他的小腿胫骨当即被砸断，更悲催的是，他的小腿被横梁死死压住，怎么也动不了。

"救命啊——"拉姆兰声嘶力竭地大叫起来，然而同事们早逃得无影无踪。摇摇欲坠的危楼废墟中，只剩下了拉姆兰一个人，尽管他一遍又一遍地呼救，可方圆几百米内，根本没有一个人能听得见他的声音。

「地震逃生自救及防御」

可怕的是，余震还在持续，建筑物不停摇晃，随时都可能坍塌。拉姆兰有生以来，第一次真真切切地感受到了死神的威胁。

建筑物坍塌是迟早的事，与其等死，不如自救！拉姆兰渐渐冷静下来，经过充分思考后，他觉得唯一可行的逃生方法是截肢求生——将自己被横梁压住的小腿用利器砍断。

身边没有斧头，也没有菜刀，只有一把又钝又锈的锄头。横下心的拉姆兰不管三七二十一，抓起锄柄，挥舞锄头朝自己的右腿上砍去。一下、两下、三下……锄头砍在自己腿上，钻心的疼痛令他几乎昏厥。不过，他仍然没有停下锄头。砍啊砍，右腿被砍得血肉模糊了，可由于锄头太钝，根本无法切断他的小腿腿骨。

怎么办？拉姆兰停下锄头，从身上掏出手机，惊喜地发现手机信号恢复了。"喂，是伊曼大叔吗？你赶紧来救我！"拉姆兰几乎要哭出来了。

伊曼冒着危险赶来后也无计可施，后来他终于找来一把钢锯，咬牙帮拉姆兰完成了剩余的"截肢"工作。之后，伊曼抱着他逃出废墟，送到了当地医院进行抢救。

拉姆兰被困地震废墟、截肢求生的行为让救援专家们也深感惊讶。一名专家说："拉姆兰的行为实在太令人吃惊了，他表现出来的勇气和决心在我们遇到的许多灾难生还者当中绝对是一个典型。"

同样的事情在 2008 年汶川大地震也出现过。当时在北川县城中央农行大楼的废墟里,一位 40 岁的妇女在废墟下被埋了 70 多个小时。当救援人员发现她时,她的右小腿以下被巨石压着,因为大型救援仪器无法进来,人们又难以搬动巨石,因此唯一可行的救援方式是截肢。可是,废墟下空间狭小,根本不好操作。"你能自己锯吗?"救援人员问。"嗯,把锯子给我吧。"她点点头,从缝隙里接过锯子,狠狠心朝自己的右腿锯去……腿锯断后,这名妇女终于获得了自由,救援人员立刻将她搬运出来,在废墟外进行简单包扎后送上急救车。

专家指出,在万不得已的情况下,我们必须鼓起勇气,舍弃身体的某一部分逃生,因为生命是我们最宝贵的东西,只有"舍车保帅"才是活命出路,这就像壁虎遇到危险自断尾巴一样。此时要当机立断,该出手时就出手,只要留得青山在,不怕没柴烧,保住生命才是上策。

相互鼓励很重要

地震袭来时,如果几个人同时被埋压该怎么办?

2014 年 8 月 3 日,云南省鲁甸县发生 6.5 级地震,震中龙头山镇许多房屋垮塌,两名怀孕的准妈妈——22 岁的李朝惠与 21 岁的艾福玲同时被埋在了废墟下面,不过,两人并没有害怕,也没有放弃,她们相互鼓励,手牵着手,在废墟下坚持数小时后最终获救。

李朝惠和艾福玲是邻居,两人都是怀孕 7 个月的准妈妈。8 月 3 日下午,李朝惠一个人在家感觉无聊,于是到隔壁艾福玲家串门,两人坐在客厅里一边看电视,一边有一搭没一搭地聊天,就在这时,房屋突然猛烈摇晃起来。"快跑，地震了！"两人愣了一下，站起身想往外走。可她们当时在4楼，加上两人行动都极不方便，根本不可能跑下去。眼看房屋马上就要垮塌，两人赶紧钻进就近的饭桌下。刚一进去，就听见"轰"的一声，房子垮了，她们被埋了废墟里。

最初的一阵恐慌过后，她们发现彼此都还活着。不过，两人都被卡在桌子的狭小空间内无法动弹。黑暗中，她们呼唤着彼此的名字，互相安慰——

"你肚子里的宝宝没事吧？"

"没事，你呢？"

"我的宝宝也没事。"

"会有人来救咱们？"

"肯定会！为了肚子里的宝宝，我们要坚持下去！"

"对，我们一起不放弃！"

两名准妈妈试探着伸出手去，黑暗中，她们碰到了对方，两只手随即紧紧握在了一起……在相互鼓励下，两人挺过了最艰难的时刻，数小时后，她们终于被人救起。经医生检查，两人肚子里的宝宝均安然无恙。

这两名"准妈妈"获救的事例告诉我们，当两人同时被埋在废墟下面时，一定要相互安慰，相互鼓励，给彼此传递正能量和希望，坚信自己一定会获救。

同样是地震，2008年5月12日，四川什邡市蓥华镇蓥峰化工厂的4名职工被埋在废墟下时，他们也是靠相互鼓励渡过难关的。当时，这4名职工被埋在相隔不到5米的地方。在经历了几个小时的恐惧之后，他们开始说话互相鼓励——

"我们要好好活着！"

"对，我还要送孩子上大学哩！"

"一定会有人来救我们出去……"

累了，大家就休息一下；渴了，就喝自己的尿；饿了，就吃地上找到的便笺纸——大家开玩笑说，这个是天下最好吃的压缩饼干……在相互鼓励和支持下，他们在废墟下坚持了七十多个小时，最终等来了外面的救援。

团结就是力量

"团结就是力量，这力量是铁，这力量是钢，比铁还硬比钢还强……"每当唱起这首歌时，总会让人精神振奋，浑身充满力量。

团结就是力量，这力量也会让废墟下的被困者增强战胜困难的信念和决心。

16岁的郭婷婷，当时是都江堰市聚源中学九年级的学生。2008年5月12日下午，郭婷婷和同学们正在教室里上课时，大地震猛然袭来，教学楼瞬间便被震垮。可爱的校园沦为了满目疮痍的废墟，郭婷婷和幸存的同学们一起，被埋在了黑暗的废墟下面。她的左脚被房梁压住，完全不能动弹，而同学们也都各自受了伤。最初的一阵恐惧之后，大家渐渐平静下来。不过，随着时间流逝，一些同学开始悲观起来，对获救不抱任何希望了，有人甚至"呜呜"痛哭起来。

"同学们不要悲观，要相信自己能活着出去，"郭婷婷鼓励大家说，"咱们来唱歌好不好？"

"唱啥歌?"有人问道。

"团结就是力量!"郭婷婷说着,强忍自己左脚的疼痛,带头唱了起来,"团结就是力量,这力量是铁……"

同学们也跟着轻声唱了起来。黑暗的废墟下面,掀起了一阵阵歌浪。这歌浪撞击着每个人的心腑,让大家浑身充满了力量,增强了求生的信念和决心。11个小时后,外面的救援队终于打通废墟,将大家救了出去。

郭婷婷这种可贵的精神,深深感动了无数中国人。

感动中国的,还有小英雄林浩。林浩是汶川县映秀镇渔子溪小学2年级的学生,在大地震中,他所在的班级中仅有10名学生幸免于难。地震发生时,林浩和同学们一起往外跑,但大家很快便被倒塌的板子砸倒在地。被困在废墟下后,林浩听到石板后面传来女同学的哭声。"别哭了,我们一起唱歌吧。"林浩说。"我……我害怕。"女同学依然在哭。"一唱歌就不害怕了,来吧,开始唱。"林浩说着,带头唱起了老师教的歌。女同学一边哽咽,一边也跟着唱了起来。当最后一首《大中国》唱完后,女同学果然不害怕,也不哭了。

专家指出,当几个人同时被埋压时,除了相互鼓励外,还应共同计划,团结配合,必要时可采取脱险行动。

1976年我国唐山发生大地震时,唐山市境内的开滦煤矿在山摇地动中塌方,一名叫陈树海的矿工被困在了井下,当时与他一同被困的还有4名矿工。数十米深的矿井下一团漆黑,仿佛地狱般令人恐惧。"可能不会有人来救了……"有人悲观起来。"不要悲观,要相信党一定会派人来救我们!"陈树海大声安慰。在他的鼓励下,大家很快振作起来。他们靠矿井中的水维持生命,并制订了一个向上转移的计划。几个人团结一致,互相帮助,一点一点地向井口靠近……15个昼夜后,救援的人们打开井口,这5名自强不息的矿工终于获救了。

相互鼓励,永不放弃,对埋在废墟中的人来说,永远是一个获救的法宝。

全力施救不放弃

地震猝然来临时,房屋倒塌,很多生命被埋在废墟下面,赶紧抢救他们吧!

看,地震救援队来了,他们携带各种救援设备全力展开救援,绝不放弃每一个生命。

2010年4月14日,中国的青海玉树发生7.1级地震,成百上千藏族同胞被埋在废墟下面。地震发生后,国家地震救援队立即携带各种设备,昼夜兼程赶赴灾区施救。

4月16日,地震救援进入第三天,找到幸存者的可能性越来越小,但救援队仍不放弃,他们兵分三路,在搜救犬的帮助下,全力在废墟中搜寻。

"汪汪",当救援队行进到玉树县结古镇综合集贸市场旁边的扎西旅社时,搜救犬突然叫起来,发出了"找到人"的信号。救援队员立即围拢在一起,经过一番探测,他们发现废墟下面有微弱的生命迹象,并迅速确定了幸存者的准确位置。

挖掘、挖掘、再挖掘……历经 6 个小时的艰难努力,地震救援队和当地群众终于成功救出一名名为次仁拉母的 13 岁藏族女孩。当女孩被救出废墟的一刹那,现场所有人都欢呼起来,有人还因此流出了激动的泪水。

这次成功的救援,搜救犬可以说立了头功,如果不是它报信,这名女孩有可能无法被救援队发现。

地震发生后,可以说时间就是生命:抢救时间越快,获救的希望越大。据有关资料显示,震后 20 分钟获救的救活率达 98% 以上,震后一小时获救的救活率下降到 63%,震后 2 小时还无法获救的人员中,窒息死亡人数占死亡人数的 58%。

地震救援的第一步是搜索。救援人员必须在很短的时间内找到幸存者,把伤害降低到最低限度。而救援队最好的帮手,可以说非搜救犬莫属。用犬搜索是现场搜索最为行之有效的方法之一,犬对气味的辨别能力比人高出百万倍,听力是人的 18 倍,视野广阔,有在光线微弱条件下视物的能力,经过专业培训,它们可以成为百发百中的搜索行家。经验表明:如果用人工搜索需要 30~60 分钟才能完成搜索,而用犬则只需 5～10 分钟。在某一地点，如果连续用两条搜救犬都未发现幸存者，则 100％可以认为该地区不会有幸存者。

当然，搜救犬也不是万能的，有时搜救犬只能告诉救援队有幸存者，而无法告诉准确位置，此时救援队就要结合电子设备进行准确定位了。在电子设备中，有一种叫"蛇眼"的探测仪，它的学名叫"光学生命探测仪"。"蛇眼"的主体非常柔韧，像蛇皮管般能在瓦砾堆中自由扭动。仪器前面有一个细小的探头，类似摄像仪器，可深入极微小的缝隙中探测，并将信息传送回来，救援队员利用观察器，就可以把瓦砾深处的情况看得清清楚楚了。

此外，救援队员常用的搜索仪器还有两种：热红外生命探测仪和声波振动生命探测仪。热红外生命探测仪具有夜视功能，它的原理是通过感知温度差异来判断不同的目标，因此在黑暗中也可照常工作。声波振动生命探测仪靠的是识别被困者发出的声音。这种仪器有 3～6 个"耳朵"，它的"耳朵"叫作"拾振器"，也叫振动传感器，它能根据各个耳朵听到声音先后的微小差异来判断幸存者的具体位置。

拯救生命的水

2008 年 5 月 12 日，汶川大地震发生后，在北川、汶川、青川、绵竹等极重灾区，救援队争分夺秒，与死神展开了一场场拯救生命的竞跑。

"水，快拿一瓶水过来！"废墟下面，一个虚弱的生命张开嘴，救援队员将水一点一点地送到他嘴里。在水的滋润下，幸存者恢复了信心，配合救援，最后得到了施救。

而在一个救援现场，一幕情景令救援人员感到既心酸又无奈：一个小女孩被压在废墟之中，救援人员担心她的内脏遭到损坏，不能过多饮水，于是用滴管将水一滴一滴送到她嘴里，饥渴难耐的小女孩一下急了，她艰难地从口袋里掏出一元钱，说："叔叔，我能不能买一瓶矿泉水……"

水，在地震救援中更是生命之源。一般来说，抢救废墟下的生命时，如果发现幸存者，要赶紧给他们补充水，然后再按照救援先后顺序展开施救。

专家认为，震后营救工作应遵循以下原则：先救被压埋人员多的地方，也就是"先多后少"；先救近处被压埋人员，也就是"先近后远"；先救容易救出的人员，也就是"先易后难"；先救轻伤和强壮人员，扩大营救队伍，也就是"先轻后重"；如果有医务人员被压埋，应优先营救，增加抢救力量。另外，营救行动应该有计划、有步骤展开。在进行营救行动之前，哪里该挖，哪里不该挖，哪里该用锄头，哪里该用棍棒，都要有所考虑。盲目行动，往往会给营救对象造成新的伤害。营救过程中，要特别注意被压埋人员的安全：

一、使用的工具如铁棒、锄头、棍棒等不要伤及被压埋人员；

二、不要破坏被压埋人员所处空间周围的支撑条件，以免引起新的垮塌，使被压埋人员再次遇险；

三、应尽快打通被压埋人员的封闭空间，使新鲜空气流入，挖掘时如尘土太大应喷水降尘，以免被压埋者窒息；

四、对于被压埋在废墟中时间较长但又一时难以救出的幸存者，应设法向他们输送饮用水、食品和药品，以维持其生命。

对于如何救援幸存者，人们还总结了如下的经验：

发现生命先送水，未能送水快补液。
清理口鼻头偏侧，呼吸通畅是原则。
臀部肩膀往外拖，不可硬拽伤关节。
伤口出血靠压迫，夹板木棍定骨折。
颈腰损伤勿扭曲，硬板移送多人托。

震不垮的碉楼

房屋是人类遮风挡雨、温馨可爱的家园，但地震袭来时，倒塌的房屋却成了人类可怕的噩梦。

什么样的房屋才能经受住地震恶魔的肆虐呢？

2008年5月12日14时28分，四川汶川县发生8.0级大地震。山崩地裂之中，成千上万座房屋倒塌，但距震中汶川县仅几十千米的桃坪羌寨古碉楼，却仍然屹立不倒，特别是寨子中三座已有上千年历史的古碉楼，只是楼尖发生部分垮塌，主体依然保存完好。

据史料记载，桃坪羌寨的历史十分悠久，寨子始建于公元前111年，西汉时，这里便设立了广柔县，桃坪作为县辖隘口，是当时重要的边防要塞。那三座作为重要防御工事的碉楼，至今少有已有上千年的历史了。

桃坪羌寨所在的位置，是川西地震多发的地区。近千年来，当地发生过多少次地震，可能谁也说不清楚。仅是近百年来，桃坪羌寨就经历过三次大地震的考验：1933年，相邻的茂县叠溪发生7.5级大地震，整座叠溪古城全部被毁，但桃坪羌寨古碉楼却没有一点损坏；1976年，松潘平武发生7.2级大地震，附近的许多民房建筑都受到了不同程度的毁坏，但古碉楼仍然屹立不倒；2008年，汶川发生8.0级大地震，古碉楼仍然高高耸立，只是楼尖受到了一点损坏。

汶川大地震之后，人们曾经排查过这座千年古寨的损毁情况，但发现古寨房接房，地基连地基，相当牢固，而且下水道也完好无损。

经历三次大地震仍然屹立不倒，桃坪羌寨可以说创造了世界建筑史上的奇迹，而古老的碉楼，也被誉为"东方神秘古堡"。

碉楼为何能抵御多次大地震的袭击，至今仍无清晰的定论，不过，咱们可以从碉楼的建筑构造上寻找一下理由。

首先，从整体布局来看，羌寨显然是经过了精心的选址和规划。像桃坪羌寨就选在地质条件很好的山腰，地势相对平坦，岩石结构坚固，而且在修建整个羌寨时，都是统一规划，统一布局。碉楼的修建，更是严格按照规划实施,绝不乱搭乱建,也不草率从事。

其次,碉楼之所以如此牢固,显然是以质量为第一,精心施工的结果。碉楼的墙基一般深 1.35 米左右,而建筑材料主要是石片和黄泥土。虽然建筑材料与今天相比大为落后,但在施工过程中,独具匠心的工匠们一丝不苟,兢兢业业,没有半点的马虎和疏忽,没有半点的"豆腐渣"工程。

碉楼,可以说是羌人数千年来抗御地震的最得力"武器"。

其实,不只是桃坪羌寨,在汶川大地震中,位于地震中心的汶川县城大部分房屋也保持完好,这是因为当地的房屋都是按抗 8 级地震的标准修建的,所以在地震中,大部分房屋都未遭到损坏,从而大大减少了人员伤亡。

从碉楼经历千年而不倒,咱们可以得出结论:防御地震灾难,可以说提高房屋的抗震性能十分重要。专家由此指出,广大城乡房屋建设应在政府的统一领导下,加强抗震设防管理,搞好规划,防止乱搭乱建,将房屋防震抗震纳入到建设管理当中,并指导群众建设抗震标准较高的民居。在汶川地震之后的灾后恢复重建中,灾区的房屋都是统一规划,统一建设,并且房屋都按防重震烈度来建造,所以抗震性能得到了大大加强。

抗震好的房屋

2012 年 9 月 7 日,云南省昭通市彝良县发生两次地震,虽然震级只有 5.7 级和 5.6 级,但截至年 9 月 8 日下午 2 时,地震已造成了 18.3 万户共计 74.4 万人受灾,因灾死亡 80 人,房屋倒塌 7138 户,共计 30600 间。

地震级别不高，为何却造成了大量房屋倒塌？其中一个主要原因，便是当地农村的房屋抗震性能普遍较低，特别是一些土坯房，在地震的晃动中很快便倒塌了。

什么样的房屋抗震性能最好？要回答这个问题，首先要弄清地震是怎么把房屋震垮的。原来，地震时，伴随地下岩层断裂错位产生大量的能量释放，造成周围弹性介质的强烈振动，这种振动以波的方式向外传播，这就是地震弹性波。它又分为纵波和横波。纵波在地壳中传播速度快，到达地面时会使房屋上下颠簸，它往往造成房屋底层最先垮塌，紧接着上面几层建筑的重量就像锤子般砸下来，又使第二层压坏而发生连续倒塌；横波在地壳中传播的速度较慢，到达地面时会使房屋产生水平摇摆，如果房屋底部柱、墙的强度或变形能力不够，就会使整栋建筑物向同一方向歪斜或倾倒。此外，纵波、横波传到地面后，还会沿着地面传播成为面波，它使房屋左右扭转，如果房屋抗扭能力较差，很容易几下便被扭坏。

为了降低地震对生命的危害，科学家们一直在进行着建筑抗震方面的研究。现在国际上最先进的抗震技术，是在建筑物底部和基础之间设置由橡胶支座和阻尼器组成的隔震层。它就像打太极拳一样，能够消散地震能量,阻止地震波向建筑物上部传递,是一种既科学又经济的抗震措施。目前,很多国家都在积极推广这种隔震技术,以提高建筑物的抗震能力。

目前来说,框架结构的房屋抗震性能比砖混结构好,因为它把基础、柱子、梁、板固定在一起,使得房子成为一个整体,因此它可以抵御较强地震波的袭击,而其他结构的房屋都不具备这个优点。在地震区,建筑都要求有抗侧力结构,如抗震墙、支撑等。这些结构平时看着似乎没什么用,还碍手碍脚,但在大风、大震下却有着救命作用。专家还告诫人们,买了房子后不要大肆装修,因为这样可能会影响房屋的抗震性能,一旦地震来了,不但自己倒霉,还会让邻里遭殃。

重视反常现象

地震是一种十分可怕的自然灾难,要防御这种灾难,需要我们每个人平时细心关注周围的事物,从一些细微的现象中,正确识别地震,避免地震危害。

地震来临前,一般都会出现一些反异的现象,如果重视这些现象,引起警觉,有时就能避免重大损失。

前面咱们已经介绍了地震来临前的各种征兆,在这里不妨再通过一个实例强调一下。

1975年我国辽宁省海城、营口一带发生大地震,人们之所以能预测准确,避免了重大灾难,与当时民众普遍重视一些反常的现象不无关系。

这场大地震发生在2月4日傍晚,从2月1日起,当地的群众便发现了许多反异的现象。在海城的一个农村,有一户人家的鸡,连续几个晚上都蹲在鸡窝外面,任凭主人怎么驱赶,它们都不进窝,赶急了,这些鸡还飞来飞去,有只干脆飞到了树上栖息,喂食也不下来吃。有一户人家的鸡,半夜突然发出阵阵惨叫,像是被黄鼠狼撕咬一般,主人赶紧起床查看,却什么也没发现。

而平时很温顺的牛马,这时也变得很不听话了。在营口的一个农村,一群耕牛在回村途中,突然狂躁不安,拉不回村。后来,几个人对它们采取前拖后打的办法,才勉强赶回村中。但回到圈内后,它们依旧狂躁,当夜在圈内乱撞乱叫,最后,这些牛把圈门撞倒后,来了个集体大逃亡。还有一户人家饲养的马也出现了反常:平时这匹马儿十分听话,但2月4日主人拉它上山驮柴回家后,它便表现得十分暴躁,刚刚卸下柴火,它就一转身,从原路跑到山上去了。

除了以上这些现象,当地还发生了老鼠成群结队逃跑、冬眠的蛇从洞里爬出来等反常现象。群众把这些现象迅速及时地向政府报告,引起了政府和相关专家的高度重视。根据理论预测和这些奇怪的反常现象,政府及时发布了准确的地震预测,从而避免了重大灾难。

有一首民间谚语,形象地描述了地震来临前,动物们的种种反常行为:

地震动物有预兆,群测群防很重要。
牛马驴骡不进圈,猪不吃食拱又闹。
羊心不安惨声叫,兔子竖耳蹦又撞。
狗无目标狂乱嚎,家猫惊闹往外逃。

鸡不进窝树上栖,鸽子惊飞不回巢。
老鼠成群搬家忙,黄鼠狼子结队跑。
冰天雪地蛇出洞,冬眠动物复苏早。
蜻蜓大群定向飞,蜜蜂群迁闹哄哄。
青蛙蟾蜍闷无声,鱼翻白肚水上跃。
园中虎豹不吃食,金鱼出缸宠鸟吵。
人人观测找前兆,综合分析排干扰。
摸清习性辨真假,发现异常要报告。
方法简单效果好,家家户户能做到。

  专家指出,因为许多动物的感觉器官比人类更敏锐,因此它们能提前感知灾难的到来。如果咱们平时多观察,多注意身边异常现象,特别是重视动物们临震前的种种反常迹象,提高警惕,提前转移或避让,就能在一定程度上避免灾难带来的损失。

破除地震谣言

  要防御地震灾难,还必须破除地震谣言,消除地震谣言带来的不必要的负面影响。
  地震谣言的危害,有时并不比地震带来的灾害小。
  "泉州要发生8.1级大地震了!"1987年2月,一股地震谣言在香港和澳门率先传播,并很快传到了福建泉州市。人们奔走相告,惊慌失措,整个市区群情浮动,人心涣散,为了应对即将来到的"地震",人们不敢在屋里睡觉,并纷纷抢购食品贮存,当时泉州的白糖、饼干等食品都被抢购一空；外地人赶紧逃离泉州，仅在泉州华侨大学，就有700多名学生逃离学校，跑回了原籍。受谣言影响，工人们无法安心生产，许多工厂停工，或者处于半停工状态。谣言还影响到泉州周边的地区。事后据有关部门统计，受地震谣传影响较大的5个沿海地市工业产值都出现了下降。

在山西省，也曾经发生过地震谣言造成社会混乱的事件。1991年1月29日，当时山西忻州上社乡发生了5.1级地震后，太原地区便出现了一股地震谣言。"太原会发生大地震"的谣言不胫而走，使得人们恐慌不已，当时有的人跳楼摔伤，有的人赶紧出外避震，使得社会一片混乱。

专家指出，比较严重的地震谣传事件所造成的经济损失和社会恐慌，不亚于一个中等强度地震，它波及面广，突发性强，传播速度快，容易在群众中造成严重的恐震心理，导致工厂不能正常生产、学校不能正常上课、商店不能正常营业、人员盲目外逃、抢购生活用品等，甚至由于采取不恰当的防震行为而摔伤摔死。

因此，防御地震灾难，必须正确识别地震谣言，破除地震谣言的影响和危害。

专家强调，地震谣传有许多特征，只要掌握了这些特征，就能正确识别：

第一，在谣言开始形成的时候，说法上很不统一，内容也简单，但经过人们传来传去，会逐渐形成一条比较逼真统一的谣言传向四面八方。

第二，谣传中对地震发生的时间、地点、震级的描述都非常具体，在时间上能"精确"到几点几分，在地点上能"精确"到某个村庄，在震级上能"精确"到几点几级。

第三，地震谣传的另一个特征是打着专家和外国人的招牌骗人。

专家提醒我们：当你听到"某地、某时要发生某级地震"而且地震时间、地点、震级说的极准时，那肯定是谣传，因为目前的预报水平还达不到这样的准确程度；当你听到"某某国家电台说""某某国家报纸说""某某地震专家说"要发生大地震时，这也是谣传，因为发布地震预报是有严格规定的，地震预报是由政府发布的，任何单位或个人都无权发布地震预报。

因此，对于那些无中生有及非政府部门和非正规途径传来的地震消息，千万不要相信！

拯救生命的奇迹

1976年7月28日，唐山大地震造成了重大人员伤亡，但距离唐山仅100来千米的一个县却只有一人死亡，不能不说是创造了生命的奇迹。

这个县为什么能避免重大伤亡呢？

1976年7月20日晚，河北省青龙县一个名叫王春青的年轻人，火速从外地赶回县里后，立即跑到县科委主任王进志家里汇报："专家说了，7月22日到8月5日，咱们这一带可能会发生5级以上地震，赶紧向县领导汇报吧！"

原来五天前，作为青龙县科委主管地震工作的王春青，被派到唐山市参加京津唐渤张地震群防群测经验交流会。会上，国家地震局华北组组长汪成民指出："1976年7月22日至8月5日之间，京津唐渤张地区将有5级以上的地震，下半年至明年，华北可能出现8级地震，大家回去以后要对震情重视起来。"王春青一字不漏地将汪成民的讲话记录在了笔记本上——他没有想到，20年后，他的笔记本成了一份珍贵的历史资料，并在联合国总部的会议厅展出。

参加完座谈会后，好多人对汪成民的讲话并没引起多少重视，但年轻的王春青却非常重视、非常着急，他对专家的话深信不疑。7月19日会议结束后，他赶紧马不停蹄地往回赶。当时从唐山到青龙虽然只有100来千米路途，但没有开通直达车，王春青连夜绕道北京、兴隆，返回青龙时已经是20日的晚上了。

回到青龙县后，王春青赶紧向县科委主任王进志汇报。王进志又赶紧向县委常委，分管科委工作的县革委会副主任马刚汇报，马刚也感到事态重大，立即向县委书记冉广歧汇报。县委为此专门开了一个小会，听取王进志汇报。同时，县委常委马刚、于深等分别带人到下边的公社去检查安全工作。

7月24日晚上8点，青龙县县委再次召开紧急会议，专门听取王春青的汇报。会上，常委会做出了三项决定：一是加强各测报点工作，科委要有专人昼夜值班，二是加强地震知识宣传，三是在八百人大会上布置防震工作。

7月25日，在青龙县的"农业学大寨"会议上，县委临时做出决定：每个公社回去一名副书记和一名工作队负责人，不准回家，一定要连夜布置防震工作，及时向群众传达震情。"宁可信其有，不可信其无啊,如果真的地震了,对群众交代不了啊!"

在邻近县市都热火朝天闹革命、促生产的情况下,青龙县却在冒着风险紧锣密鼓地部署防震工作。经过几天的动员,青龙县完全进入了临震状态:学校全部搬到了操场上课,商店也搬到了防震棚里售货,机关单位改在了防震棚办公。县里的有线广播反复播放着防震知识,王春青那几晚待在办公室值班,但他睡觉的时候,都把房门一直开着。

7月27日晚上,青龙县"八百人大会"召开,县科委主任王进志,在会上做了最后一次震情和防震减灾动员工作报告。

所有的公社,都做好了应对大地震发生的准备工作。

地震果然发生了。1976年7月28日3点42分,县革委会副主任马刚在睡梦中被摇晃的房子惊醒了。他赶紧穿好衣服,向附近的广播站冲了过去。

"我是县革委会副主任,这是地震,大家不要慌!"马刚在广播中大声喊道。话没说完,青龙县委大院的围墙摆动了几下轰然倒塌。

地震发生之时,王青春在屋里睡得正香。因为头天晚上,他值了一夜班,感到特别疲倦,于是回到屋里倒头便睡。迷迷糊糊之中,他被同屋的人拽起就跑:"地震了,快跑吧!"跑出屋外,看着周围不停倒塌的房屋,王春青突然有一种想哭的感觉:地震发生了,他心里压了几天的石头终于落了地!

不可想象,假如地震没有发生,人们会怎么看待他!

一个年轻人不经意间带回的一个消息,挽救了青龙县。而距离青龙100来千米的唐山在大地震中几乎被从地球上抹掉了。据资料记载,青龙县有180000间建筑物在大地震中被毁坏,完全倒塌的超过7000多间。相比于唐山的24万余人死亡,青龙近40万人民的生命得以保全了,全县只有一个人在大地震中死亡,并且是死于心脏病突发。

「地震逃生自救及防御」

唐山大地震20周年前夕，1996年4月11日，新华社刊发消息：中国河北省青龙县的县城距唐山市仅115千米，但这个县在1976年唐山大地震中无一人死亡。

青龙创造了一个奇迹，尽管这个奇迹是在无意间创造的。青龙告诉人们，如果地震可以预测，将会减少、甚至不会有人员伤亡。尽管在多年的争议中，青龙品尝到了地震被准确预报的甜果，但围绕着地震预报的争议仍然在进行着。

也许，在对待地震这样重大的灾难时，"宁可信其有，不可信其无"在某种程度上确实值得我们借鉴。

监测地震的仪器

人类社会发展的历史，可以说就是一部与地震做斗争的历史。在这里，向大家介绍两种监测地震的仪器——地震仪和地震报警器。

地震仪的发明者是我国东汉时期的天文学家张衡，他在距今约一千九百多年前，依靠自己的刻苦钻研，制造出了世界上第一台预测地震的仪器——地震仪。

今天看来，这个地震仪仍然充满了许多玄妙之处。它"以精铜铸成，圆径八尺"，"形似酒樽"。顶上有一个隆起的圆盖，仪器的表面上刻有篆文以及山、龟、鸟、兽等图形，而内部中央有一根铜质"都柱"，柱旁有八条通道，称为"八道"，设有巧妙的机关。仪体外部周围盘绕着八条龙，按东、南、西、北、东南、东北、西南、西北八个方向布列。龙头和内部通道中的发动机关相连，每个龙头嘴里都衔有一个铜球。与龙头相对应的，是八个蹲坐在地上的蟾蜍，这些可爱的小家伙们整天昂头张嘴，可怜巴巴地盯着上面的铜球。

这台举世无双的地震仪制造出来后，很快被抬到了皇帝的面前。当时的皇帝和满朝文官武将，看着这个奇怪的家伙，都不相信它能预测地震。

"张爱卿，你制造的这个家伙一动不动，它怎么能预报地震呢？"皇帝想了半天，实在搞不懂那八条龙和八个蟾蜍之间有什么"血缘"关系。

"启奏陛下，当某个地方发生地震时，地震仪樽体就会运动，触动机关，使龙头张嘴吐出铜球，落到蟾蜍的嘴里，根据蟾蜍所在的方位，便可以知道是哪个方向发生地震了。"张衡耐心地解释。

"真的会这样吗？我看非也，非也！"满朝文武像听天书一般，纷纷摇头表示不信。

张衡微微一笑，并不想和这些人争论。

时间不知不觉过去了一个多月。这年的12月13日，放置在京城里的地震仪突然发出了一声巨大的响声。守护地震仪的士兵赶紧向上面报告。

皇帝和文武百官赶去一看，发现原来是地震仪的一个机关突然触动，龙嘴里的铜球吐出，掉进了与它对应的蟾蜍嘴里。

"禀告陛下，从蟾蜍的位置来看，应该是我国的西部发生了地震。"张衡忧心忡忡地向皇帝报告。

"不会吧？怎么京城洛阳一点感觉都没有呢？"百官再次摇头晃脑，表示极端的不相信。

皇帝虽然没说什么，但从他脸上的神色来看，也是极端的不相信。

然而没过几天，奇迹发生了。一匹快马驮着疲惫不堪的报信人跑进京城，报告说陇西（今甘肃省天水地区）发生了地震，人员伤亡比较严重。

"啊？"满朝文武个个惊讶地张大了嘴巴，半天合不拢来。

陇西距洛阳有一千多里，地震仪却能准确地测定地震方位，这就不能不令人刮目相看了。打心眼里，皇帝和满朝文武不得不彻底信服了眼前这个留着山羊胡子、貌不惊人的小老头。

在今天的人们看来，这种地震仪的"预测"只是判定地震的方向，而不能判定震中的距离和地震级别大小。不过，在距今约一千九百多年前发明这个东西，并能做出较为准确的监测，也算是一个很了不起的成就了。

地震报警器当然是现代人的发明，它的工作原理是利用地震产生的纵波和横波的时间差发出警报。据测算,地震发生时,纵波的传播速度约为5~6千米每秒,而横波的传播速度约为3~5千米每秒。这就好比闪电和雷声同时发生,人们却总是先看见闪电,再听见雷声。纵波的速度虽然快,但其破坏力相对于横波而言要小得多。所以地震报警器在接收到纵波时,首先发生警报,人们赶在横波到来前撤出屋子,就会避免房屋倒塌带来的危险。

目前世界各国的地震报警器可谓五花八门,在中国,目前已经授予了八十四个地震报警器专利,不过,一些地震报警器只是对震动产生感应,至于是什么引起的震动无法区别,如有人在搞装修,或者有人在户外放鞭炮,地震报警器都有可能发出错误的警报。据媒体报道,2009年3月,中国首个民用地震报警器——德祥地震报警器通过了四川省科技成果鉴定,鉴定委员会一致认为,该报警器在世界上首先将专业地震监测技术用于民用,其技术水平达到了国际领先。该款地震报警器的工作原理是通过地震检测装置(加速度传感器)获取地震信号,微型计算机对这些信号进行分析并消除各种干扰,然后触发语音报警,同时,无线联网报警进一步消除了误报警。这种地震报警器适用于学校、医院、住宅、写字楼和工厂等场合。

预报地震的仪器

地震如此可怕,人类能不能对它进行预报呢?

目前,地震预报还是全球性的难题。为了防御地震灾难,世界各国都在马不停蹄地研究预报地震的方法。不过,各国的研究都属于高度保密的范畴。让我们一起去窥探一下各国都在研究些什么吧。

有一种说法，美国科学家正在秘密研制地震预报机。

这台尚处于襁褓之中的地震预报机，名字叫"真实加州"。加州，是美国地震最为活跃的地区之一，闻名世界的洛杉矶大地震就发生在加州。因此，美国科学家把地震预报机的"家"选择安在了加州。

据说，利用"真实加州"，科学家们已经模拟出了旧金山湾过去4万年中的历次地震活动，他们发现，在那里，超过7级以上的地震平均每101年出现一次。根据这个预报机的模拟推测，从现在到2032年，该地区至少发生一次7级以上地震的概率高达62%。

这个预报准确与否？目前暂时还说不清，只能等待时间来检验了。

那么，神奇的"真实加州"究竟"长"什么样呢？"真实加州"有着一个方方正正的大脑袋，呆头呆脑，但它的计算能力却特别出色——说穿了，它就是一台高性能的计算机。人们把有关当地地壳运动的信息输入"真实加州"中，它就能根据所输入的数据，模拟未来地壳运动情况，并以此为依据来预报地震。

那么，"真实加州"如何才能得到及时、准确的地壳信息呢？据说，在旧金山，科学家们正在执行一个名为"圣安德列斯断层深度观测"的计划，他们已经连续12年对北美大陆的地球物理变化进行监测了。这个计划的技术核心是一台石油工业用钻孔机，利用钻孔机向下钻孔，进入地下1.8千米，再水平转向2.9千米，最终停留在圣安德列斯断层处的一个压力点上，那里是小型地震开始的地方。一些安放在钻孔中的仪器，比如地震检波器、加速计、应变计、温度传感器、水压传感器等，就会将测量到的数据，通过光缆传输到地面上。这些数据再传送到"真实加州"的数据库中，科学家们就可以评估地震来临前的初期信号，以及地震会造成什么样的后果了。

为了检验地震预报机的性能如何，科学家将过去的一些数据输入，看它能不能预测1906年那次地震，结果"真实加州"不负众望，果然得出了正确的结论，这让科学家们大受鼓舞。

不过,这台"真实加州"地震预报机目前还处于研究模型阶段,是否可以真正应用到地震预报中去,还有待进一步的检验和完善。

下面咱们再去看看其他国家的研究。

茫茫太空之中,人造地球卫星一刻不停地围绕着地球旋转,时刻监测着地球上的一举一动。人们形象地将卫星称为"天眼"。

20世纪90年代初,苏联科学家提出了建立地震前兆全球监测卫星系统的设想,也就是通过卫星"天眼"的监测,在震前2~48小时内做出地震预报。按照他们的设想,这一系统将由20颗微型中低轨道卫星、地面接收网络和地面飞行控制中心组成。

这一设想如果能变成现实,人类预报地震的水平将会大大提高。可惜,由于苏联的解体和俄罗斯经济实力下降等原因,该系统建立进程缓慢。俄罗斯虽然先后于1999年、2001年、2006年发射了3颗卫星,用来探测与地震有关的电离层变化信息,探索地震预报信息和预报技术,但至今仍然没迈出关键的步伐。

继苏联之后,世界许多国家也开展了地震电磁卫星的探索研究。从20世纪90年代初开始,法国、美国、乌克兰等国家也着手进行地震电磁监测卫星相关研究。2003年,美国发射了一颗重4.5千克的地震卫星，用于研究磁场信号与地震岩石破裂的关系机理，预测地震活动。2004年，法国和乌克兰分别发射了一颗地震电磁卫星。法国这颗名为Demeter的卫星，用于研究与地震、火山相关的电离层变化，研究与人类活动有关的电离层活动及引起电离层变化的机理等。

我国也非常重视利用卫星预测地震。"九五"期间，我国就开始了卫星预报地震的研究和应用，并取得了初步成果。在我国航天发展"十一五"规划中，已明确提出开展地震电磁监测卫星研究。

与传统的地面地震监测站相比，利用卫星监测并且预报地震的方法无疑为人们提供了新的预报的依据。专家称，虽然利用地震电磁卫星预报地震目前还处于"探索阶段"，但是这一方法已得到了许多科学家的认同。未来，随着科技水平的提高和科学研究的深入，地震电磁卫星有望在地震预测中发挥重要的作用。

地震逃生自救准则

现在，咱们来总结一下地震灾难自救及防御的基本准则吧。

第一，室内遭遇地震时，千万不要盲目往外跑，特别是在公共场合更要冷静，尽量避免踩踏和混乱造成伤害；当房屋开始倒塌时，要选择相对安全的地方躲避，待地震过去后，尽快往安全地方转移。

第二，在房屋密集的户外遭遇地震时，要谨防天外飞物袭击，注意保护好头部；身处山区时，一定要跑到开阔的地方，或躲在结实的障碍物下，或朝垂直于滚石可能运动的方向跑。

第三，在学校上课时发生地震，要就近躲藏，并听从老师指挥，有秩序地按疏散路线撤离；课间时发生地震，要就地找比较安全的地方趴下，震后不要再回到教室中去。

第四，地震中遭遇山体滑坡时，要向山坡两侧跑；遭遇泥石流时，要向与泥石流成垂直方向的两边山坡上跑；地震形成堰塞湖时，要及时撤离危险区域。

第五，若不幸被埋于废墟下时，要有坚强的意志和强大的求生意愿，绝不轻言放弃；当两人以上同时被埋时，要相互鼓励，团结协作；要努力找到维持生命的水和食物，同时想方设法向外发出求救信号。

第六，平时应多观察，多注意身边异常现象，一旦发现地震前兆要提前转移或避让，同时要正确识别地震谣言，破除地震谣言的影响和危害。

地震灾难警示

旷世奇灾——郯城大地震

1668年7月25日晚8时许（清朝康熙七年六月十七日戌时），山东郯城发生了我国历史上大陆东部最大的一次地震。

可以说，这是一次旷世奇灾。大地震的震级达到了恐怖的8.5级，5万余人在地震中丧生，除受灾最严重的郯城、临沂和莒县等县外，地震还波及河北、辽宁、山西、陕西、河南、江苏、安徽、湖北、江西、浙江、福建等十余省及中国东部海域，有文字记载的受震地区达400余州县，总面积近100万平方千米。

惨烈的大地震

从现存的历史资料来看，这次大地震发生之前，郯城及周边地区曾经出现过不少异常现象，如特旱大涝、地下水位上升、动物异常等。

地震发生的4年前，郯城西部广大地区，包括山东、河南、河北、江苏和安徽等省部分州县出现了大面积干旱。旱区烈日炎炎，数月滴雨不下，河流干涸，苗木枯死，人畜饮水也出现了严重困难。每天，人们挑着木桶，或者赶着毛驴四处找水，有时甚至要走上数十千米才能找到饮用水。旱情一直持续，导致这年山东半岛的小麦收成只及往年的十分之二左右，而其他地方的夏秋作物则完全绝收。放眼四望，整个大地草木皆枯，赤地千里，到处都是逃荒要饭的灾民。

特大干旱过后，郯城的老百姓尚未从旱灾的困境中走出来，恐怖

「地震灾难警示」

的大地震袭来了。

地震发生之前,当时震区的许多动物,如牛、马、驴、狗、鸡等表现出明显的异常:牛马四处乱跑,狗大声吠叫,鸡一边叫一边到处乱飞……陵县、临淄、淄川、泰安、海丰等地史料中均有记载,当时震区"河水倾泼丈余,鸡鸣犬吠满城中"——动物在大灾来临前,表现出极度的惊恐。

就在动物们惊恐不安的时候,一股股白色、黑色的混浊烟状气体莫名其妙地出现了,当时人们以为是哪里在烧荒,结果仔细探查,发现这些烟状气体竟然来自地下。此外,在震中区外围的江苏赣榆、河南西华、山东高密等地,天空中出现了一种黄紫色的云,人们还看到有红色或似火光的地光出现。

大地震来临前,人们听到了一种恐怖的声音——地声。距离震中越近,地声的音量越强,它们像晴空霹雳,似万马奔腾,又仿佛大风怒吼,大炮轰鸣……就在人们不知所措时,大地震发生了。顷刻之间,电闪雷鸣,震中郯城县李庄镇的地面突然四分五裂,出现了可怕的裂缝,有些裂缝将房屋和人一并吞噬,埋在了地下;附近的马陵山多处断裂,山体崩塌,山上滚石如雨,灰尘遮天蔽日;县城百里范围内房屋倾倒,地面喷砂、涌水,平地积水深达三四米……一时间,整个郯城如人间地狱,遍地都是遇难者,到处都是哭声喊声。幸存下来的人们惨不忍睹,他们面对苦风凄雨和四面废墟,伴着遍野荒芜,真是叫天天不应,叫地地不灵。

康熙年间编撰的《郯城县志》记载了地震发生时的情景:"一时楼房树木皆前俯后仰,以顶至底者连二、三次,遂一颤既倾。城楼垛口、官舍民房并村落寺观一时俱倒塌如平地。"而《沂州志》记载:"地震有声,自西北来,响若雷,城郭、宫室、庙宇公廨一时俱毁……平地水深丈余,井内涌水高数尺,山崩地裂,所漂有朽木乱沙。"康熙《莒州志》也记载:"沂州地震,彻夜摇动如雷,官廨、民房、庙宇、城楼、墙垛尽倒，仅存破屋一、二，人不敢入。河水暴涨，城中上无寸椽，下无片地。"

这场大地震波及的范围很广：当时大清王朝的辖区内有 1500 多个州县，现在从史料上能查到的受灾地区就有 400 多个州县，有震感面积达 100 万平方千米，其中郯城和临沂之间为震中区，地震烈度达 12 度。据清朝户部统计，有 5 万余人在这次大地震中丧生，死难者人口占当时人口总数约千分之三。

县令倾心写震志

当时的山东郯城县令名叫冯可参，福建人，康熙初年冯可参考取进士，不久便被派到郯城当县令，谁知走马上任不到两个月，大地震便发生了。

俗话说新官上任三把火，地震发生的那一刻，这位新任县官还在县衙内谋划如何采取措施造福一方民众，剧烈的震动使县衙也变得面目全非。冯县令从屋里逃出来后，没有慌乱，更没有只顾自己逃回老家，他身先士卒，全力带领大家抗震救灾，并亲自写了一份灾情报告，让手下快马送给山东巡抚刘芳躅。

刘芳躅接到灾情报告后，不敢怠慢，赶紧将山东的灾情汇总后上报朝廷。当时，康熙皇帝只有 14 岁，这是他名义上亲政的第二年。这位历史上大名鼎鼎的皇帝，在少年时期便显示了非凡的才能，他有条不紊地命户部具体负责查验灾情、赈济，并以最快的速度批准了户部赈灾的方案，免去沂州、郯城等 40 州县的年租，并发赈灾款银 22 万余两。

尽管朝廷救援还算及时，但这场大地震在冯县令的心里留下了挥之不去的阴影。因为目睹了地震惨状和灾民生活，冯县令对老百姓总是怀着深深的同情和怜惜，不过，正是他的悲悯之心葬送了自己的锦绣前程，他因催征捐税不力被免职。

免职之后，冯可参并没有离开郯城。当时县府准备编写《郯城县志》，在新任县令的恳请之下，冯可参担当起了康熙年间《郯城县志》的主笔，他根据自己的亲身经历对大地震进行了较为详细的记述。其中，冯可参用歌谣体写成的《灾民歌》，成了我国古代历史上最长的诗歌体地震史。

人间悲剧——通海大地震

这是一次死亡人数超过 15000 人，与唐山地震、汶川地震一起，成为新中国三次死亡超过万人的震殇，这也是一次被尘封 30 年、人类救灾史上充满悲情色彩的大地震。

这就是发生在 1970 年 1 月 5 日的云南通海大地震。

惨烈的大地震

1970 年 1 月 5 日凌晨，云南省通海县高大乡（当时叫人民公社）一片沉寂，但在路边的一处工棚里隐隐透出灯光，驻扎在此的公路建设七团的工作人员尚未就寝。凌晨 1 时，厨房里迎来了最后一批人，15 个刚下夜班的民工疲惫地走进来，一边烤火，一边端起碗吃饭。没吃几口，地面突然猛烈震动起来。"怎么回事？"民工们不知道发生了什么事情，赶紧站了起来。正在这时，一堵粗厚的土墙倒塌下来，劈头盖脸地向他们压了过去。来不及逃跑，许多站立着的人便被墙体从头压向脚掌……当人们挖开墙体，把他们从地下刨出来后，看到的是一幅目不忍睹的惨状：15 个人变成了 15 团肉饼，他们变形的嘴里还含着饭菜，而火塘附近的人，则被烧成了黑黑的焦尸。

通海大地震,就这样以猝不及防的形式发生了。它发生的确切时间是1970年1月5日凌晨1时0分37秒,震级为7.8级(一说7.7级),震中烈度为10度,其能量比日本广岛原子弹爆炸还要强烈400多倍,整个大西南都为之震撼。大地震使云南的通海、建水、峨山、华宁、玉溪一带人民的生命财产遭到了严重损失。大地震之后,震区又先后发生了12次5级至5.9级余震,引起了严重滑坡、山崩等破坏,受灾面积4500多平方千米,造成15621人死亡,338456间房屋倒塌,166338头大牲畜死亡,生命财产损失巨大。仅通海县造成的经济损失,按可比价格计算就达27亿元之巨。这场大地震被命名为"通海大地震",它是20世纪中国重大自然灾害之一,也是新中国成立以来死亡人数万人以上的三次大地震之一。

让我们一起,去看看这场大灾难中的悲惨遭遇吧——

当时的峨山县城有逢5赶集的习惯,因此1月4日下午,旅客和农民们从四面八方汇集到县城,准备第二天赶集。当天晚上,县城两层楼的大旅社爆满,服务人员还在过道上加了地铺。地震发生时,这些赶集的人们大部分遇难，死亡200余人。

在一个叫观音村的地方，村民钱学德1月4日结婚，夜里正在闹新房的时候，地震突然发生了，钱学德赶紧拉起新娘子往外跑，刚刚跑到院子里，一根木头砸下来，新娘当场遇难……地震中，他家一共死了4男4女，只剩下他和父亲、小妹三个人。埋葬亲人的时候，他和父亲用皮带拴着尸体抬上山掩埋。8具尸体，父子俩挖了8个洞，花了4天时间，并来回上山8次，最后累得坐在地上便不想起来。

在代办村有一个妇女，地震前三四天生下一个男孩。地震时，这位妇女不幸遇难，别人把娘儿俩刨出来放在一块，大家都认为娘俩死了，准备埋完其他尸体，再返回来埋娘儿俩。可是，当人们返回来时，看见那个孩子已经醒来，不哭不叫，正扑在他娘的尸体上吸食乳汁。

建水县曲溪中学，168间校舍全部震毁，只残存一所古庙的屋架。由于当晚是星期六，大部分师生已回家，不过在留校的147人中，有54人被倒房压死，另外有31人重伤、58人轻伤，仅有4人安然无恙。其中，在一间女生宿舍里，有7个女学生被整齐地埋死于墙下……

特殊时代的救灾

通海大地震发生后，由于当时正处于"文化大革命"特殊时期，仅由新华社对外发送了一条简短的消息："1970年1月5日凌晨1时，我国云南省昆明以南地区发生了一次7级地震。受灾地区人民在云南省和当地各级革命委员会的领导下，在人民解放军的帮助下，发扬一不怕苦、二不怕死的革命精神，正在胜利地进行抗震救灾工作。"新闻里只字不提受灾情况，而且把地震震级压低了。

当时，全国正处于极度紧张的战备状态中，由于"文革"武斗迭起，社会混乱，生产锐减，物资奇缺，国民经济濒临崩溃的边缘。因此，在灾民最缺乏填充肚皮的食品时，"一方有难，八方支援"成了名副其实的"精神支援"。当地政府的宣传口号是："千支援,万支援,送来毛泽东思想是最大的支援。"当时通海有 16 万人,地震发生后,灾区先后收到全国各地赠送的数十万册《毛主席语录》《毛泽东选集》;数十万枚毛泽东像章;十多万封慰问信……至于急需的救灾物资和款项,则少得可怜。

不过,部队对这次地震进行了积极救援。地震发生后,昆明军区立即召开紧急会议,成立抗震救灾指挥部。云南驻军派出大批指战员,省革委抽调大批机关工作人员、"五七干校"学员,星夜奔赴灾区抗震救灾。同时从全省各地抽调医务人员组成医疗队,奔赴灾区救死扶伤,防病治病,并调集和运送物资支援灾区抗震救灾。来自北京、上海、湖南、四川、贵州、广东、广西和云南的部队医务人员,组成 98 个医疗队奔赴灾区,对受灾群众实施治疗,并控制了灾后传染病的发生和流行。

虽然通海大地震早在 1970 年 1 月 5 日就发生了,但直到事隔 30 年之后的 2000 年 1 月 5 日,云南通海县举行大地震 30 周年祭集会时,才首次在正式场合披露了这场大地震的死伤人数和财产损失情况,这段尘封了漫长岁月的"秘密档案"才得以解密,人们得以知晓那幕惨烈的人间悲剧。

惨绝人寰——唐山大地震

在中国的地震史上,有一次地震死亡人数达 24.2 万,这是除了华县地震之外,死亡人数最多的大地震。

这就是发生在 1976 年 7 月 28 日的唐山大地震。这次惨绝人寰的地震灾难,也被列为 20 世纪全球十大自然灾害之一。

「地震灾难警示」

惨绝人寰的灾难

1976年7月28日凌晨，河北省唐山市尚在沉睡之中。地震恶魔悄悄逼近，惨绝人寰的大灾难就要来临了。

在这场灾难之前，当地曾经出现了许多反常现象。7月25日，在唐山以南的天津大沽口海面，一艘油轮上的船员目睹了一幕奇异的景象：一大群长着深绿色翅膀的蜻蜓从四面八方飞来，栖在船窗、桅杆和船舷上，形成密匝匝的一片，它们一动不动，任人捕捉驱赶，一只也不起飞；过了不一会儿，船上的骚动更大了，一大群五彩缤纷的蝴蝶、土色的蝗虫，以及许许多多麻雀和不知名的小鸟也飞来了，它们全都停在船上，仿佛是在举行一场不期而遇的大聚会；最后，从远处飞来一只色彩斑斓的虎皮鹦鹉，它傻傻地立在船尾，一动不动，人们上前捉它，它也不肯飞走。7月27日，油轮周围的海蜇忽然增多，成群的小鱼急促地游来游去，放下钩去，片刻就能钓上100多条。与此同时，其他地方也出现了异常：唐山市以南的宁河县潘庄公社西塘坨大队，有一户人家房梁下的老燕像发疯一般，它从7月25日起，每天尖声叫唤，并将小燕从巢里不停抛出去，主人把小燕捡回巢里，很快又被它抛了出去。两天之后，老燕干脆带着剩下的两只小燕飞走了。7月27日这天，迁安乡的人们看到，大量的蜻蜓像蝗虫般在天空飞行，它们排成100多米宽的队伍，自东向西，浩浩荡荡，嗡嗡之声不绝于耳，气势之大，令人目瞪口呆。蜻蜓持续约15分钟才完全过去。而在天津市郊木场公社和西营门公社，人们都看见成百上千只蝙蝠大白天在空中乱飞……

7月28日凌晨3时42分53秒，在人们的熟睡之中，一场7.8级大地震突然来临了。瞬间地动山摇，房屋倒塌，睡梦中的人们来不及起来，便被压在了废墟下面，许多人连哼都没哼一声，便被地震夺去了生命。

地震来临的那一刻，也有一些夜间上班的人们，亲身经历了那场可怕的灾难。在当时的唐山火车站,一个叫张克英的售票员凌晨两点多起来卖票。三点多钟光景,她听见外面有人喊"要下雨啦!要下雨啦!"她赶紧跑出去搬自己新买的自行车。到外面时,只见天色昏红昏红的,好像什么地方在闪电。当时,候车室里有二百多人,还有许多在广场上的人,想挤到里面来避雨,大家吵吵闹闹,嚷成一片。地震来临时,张克英正与隔壁的一个师傅说话,忽然听见"咣"的一声巨响。响声把大家都震呆了,张克英以为是两辆高速行驶的列车对撞,还没等她喊出声来,灯全灭了,同时房子猛烈摇晃起来,整个候车室乱作一团。接着,她听到"噗通,噗通"两声,吊灯、吊扇从天花板上落下来,重重地砸在人们头上。不一会儿,"轰隆"一声,整个车站大厅散了架,二百多人全部砸在了里面。张克英因为夹在货架中间,没伤到要命处,因此侥幸捡了一条命。

这场惨绝人寰的大地震造成24.2万多人死亡,16.4万多人重伤,7200多个家庭全家震亡,上万家庭解体,4204人成为孤儿;97%的地面建筑、55%的生产设备毁坏;交通、供水、供电、通信全部中断;23秒内,直接经济损失人民币100亿元;一座拥有百万人口的工业城市被夷为平地。大地震还波及14个省(市、区),华夏大地北至哈尔滨,南至清江一线,西至吴忠一线,东至渤海湾岛屿和东北国境线,人们都感到了异乎寻常的摇撼。

「地震灾难警示」

地震后的惨状

　　大地震后的唐山市，被石灰、黄土、煤屑、烟尘混合的雾气所笼罩。这些烟雾在上空飘浮，一片片，一缕缕，一絮絮地升起，无声地弥漫在废墟上空，使得唐山市第一次失去了它的黎明。

　　朦胧的雾气中，是一个个可怕的场景：唐山火车站的铁轨成蛇形弯曲，其轮廓像一只扁平的铁葫芦；开滦医院七层大楼，顶部仅剩两间病房大小的建筑，颤巍巍地搭斜在一堵随时可能塌落的残壁上；唐山第十中学的水泥马路，被拦腰震断，错位达一米之多……更为惊心的是，在地震裂缝穿过的地方，唐山地委党校、东新街小学、地区农研所，以及整个路南居民区，都像被一只巨手摸去似的不见了。

　　地震之后，幸存的人们面对断墙残壁惊魂未定，他们在灰雾之中行走着，仿佛一群梦游者被一下抛到了陌生的星球上，他们甚至来不及为骨肉剥离而悲恸。太阳出来了，当浓雾即将散尽时，惊恐的人们忽然发现两只从动物园逃出来的狼，它们相依着，站在远处黑色的废墟上，孤单地睁着惊吓的眼睛，发出酷似人声的凄厉嗥叫……

　　唐山大地震发生后，中共中央、国务院当日向灾区发出了慰问电，并派出中央慰问团深入灾区慰问；解放军 10 余万官兵紧急奔赴灾区救援；全国各地 5 万名医护人员和干部群众紧急集中，奔赴灾区救死扶伤和运送救灾物资……在各方努力下，抢险救援工作有序开展，同时采取积极措施，创造了灾后无疫情的人间奇迹。震后，国家又投入大量资金用于唐山恢复重建。历经多年建设，今天的唐山成了一座抗震性能良好，生产、生活方便，环境优美的新型城市，特别是建筑物均达到了 8 度设防，可以说，现在的唐山是"世界上最安全的城市"。

举国齐殇——汶川大地震

2008年5月12日14时28分,四川省汶川县发生8.0级大地震,一瞬之间,山河移位,满目疮痍,近7万人遇难,直接经济损失高达8000多亿元。

这是新中国成立以来破坏性最强、波及范围最大的一次地震。自2009年起,国务院确定每年5月12日为全国防灾减灾日。

大地震突如其来

汶川县映秀镇,是一个山清水秀的美丽小镇。这里是成都通往九寨沟的必经之路,每天都有大量的游客在这里停留。

2008年5月12日,是一个看似平淡无奇的日子,艳阳高照,金灿灿的阳光洒在映秀镇上,洒在绕镇而过的岷江上,使这里的一切显得旖旎多姿。

"真是太美了!"在路边的一家饭馆门前,游客们从大巴车上下来后,四处打望周围的景色,有人还拿出相机,不停地拍起照来。这些游客是从外省来的,他们从成都集中出发,目的地是人间天堂——九寨沟。下午14时许,在映秀镇吃过午饭后,游客们重新回到大巴车上,就在司机即将启动汽车的那一刻,车子猛地跳了起来,把大家吓了一大跳。

"师傅,你的车怎么回事,坏了吗?"有人问。

司机正要回答,汽车再次跳了起来,他赶紧熄了火,同时大声喊道:"可能地震了,大家赶紧抱住座位,千万不能动!"

「地震灾难警示」

话音刚落，周围的山上开始滚落飞石了，一块块石头雨点般飞落下来，重重地砸在汽车上，靠近山体一侧的车窗玻璃顿时被打得粉碎。而一眨眼间，刚才游客们吃过饭的饭馆已经成了一片废墟。

大地继续抖动，山体继续垮塌，尘灰遮天蔽日，如世界末日来临般令人恐怖万分。不到一分钟时间，映秀，这个美丽的川西小镇便成了满目疮痍的人间地狱。

汶川大地震就这样以突如其来的方式发生了。它的震中烈度高达11度，以四川省汶川县映秀镇和北川县县城两个中心呈长条状分布。在映秀被地震摧毁的同时，北川县城也遭遇了灭顶之灾：无数的房屋倒塌，无数的人被压在废墟之下；四周的山体崩塌，滚石和滑坡体掩埋了很多建筑；流经县城的河流被堵塞，形成一个个堰塞湖……幸存者集中在县城较为开阔的广场上，看着被毁灭的家园欲哭无泪，频繁的余震和四周不停崩塌的山体令他们魂飞魄散。

以汶川映秀镇和北川县城为中心，大地震的震波向四周辐射，四川的青川、安县、绵竹、平武等均遭受了严重损失，造成了巨大的人员伤亡。地震还波及陕西、甘肃、宁夏、天津、青海、北京、山西、山东、河北、河南、安徽、湖北、湖南、重庆、贵州、云南、内蒙古、广西、广东、海南、西藏、江苏、上海、浙江、辽宁、福建等全国多

个省（区、市），香港、澳门特别行政区以及台湾地区均有明显震感，甚至泰国首都曼谷，越南首都河内，菲律宾、日本等地也有震感。

　　这次大地震以川陕甘三省震情最为严重。据民政部报告，截至2008年9月25日12时，四川汶川地震已确认69227人遇难，374643人受伤，失踪人数为17923人。汶川地震造成的直接经济损失达8452亿元人民币，其中四川损失最严重，占到总损失的91.3%。由于汶川大地震损失影响巨大，经国务院批准，自2009年起，每年5月12日被定为全国防灾减灾日。

感人至深的事迹

　　在汶川大地震中，一个个感人的事迹令我们动容，特别是那些为了抢救学生而献出自己生命的老师，更是值得我们永远铭记——

　　大地震袭来时，四川绵竹东汽中学的教导主任、政治老师谭千秋，在房屋倒塌之时张开双臂，以雄鹰展翅的姿势，死死护住桌子下的四个孩子，他自己的后脑被楼板砸得深凹下去。四个孩子生还了，而谭千秋却献出了自己51岁的生命。

　　汶川映秀镇小学29岁的数学老师张米亚，在大地震来临时用双臂紧紧搂住两个小学生，同样以雄鹰展翅的姿势护住孩子，以自己的死换来两个孩子的生。救援人员赶到时，张老师紧抱孩子的手臂已经僵硬，救援人员只得含泪忍痛把张老师的手锯掉，才得以将两个孩子救出。

　　四川什邡红白镇中心小学校二年级语文老师汤宏，地震发生时，他所教的班级的教室位于一楼，他本来完全可以逃脱，但他却选择留下来保护孩子。他最后的姿势定格在这样的画面上——两个胳膊下各抓了一个孩子，身子下还护着几名孩子。被他用血肉之躯护住的几个孩子都幸运地活了下来，并最终获救，而他却献出了自己刚过20岁的生命，抛下了家中的妻子和仅仅七个月大的孩子。

「地震灾难警示」

四川什邡市师古镇民主中心小学一年级女教师袁文婷在地震中一共救出了 13 名学生，而她自己却被倒塌的房屋埋在废墟下，献出了自己 26 岁的宝贵生命。

四川映秀小学四年级语文老师严蓉在救下 13 个学生后殉职，而她一岁的女儿则成了孤儿……

汶川大地震中，感人的故事还有很多很多，其中一则更以伟大的母爱令人感动：在一处废墟下面，救援人员发现了一对母子，母亲已经死去多时，她双膝跪地，整个上身向前匍匐，双手扶地支撑着身体，倒塌的重物将她的身体压得已经变形。在她身下，几个月大的孩子正在酣睡，人们在包裹孩子的被子里发现了一部手机，上面有一条已经写好的短信："亲爱的宝贝，如果你能活着，一定要记住我爱你"。看惯了生离死别的医生在这一刻也忍不住落泪了，手机传递着，每个看到短信的人都不禁泪流满面。

悲惨遭遇——墨西哥大地震

每个人的一生之中，都会面临生死，都会遇到最为悲惨的时刻。

1985 年 9 月 19 日，北美洲的墨西哥人，就集体遭遇了这样的时刻。因为地震，首都墨西哥城大部分地方成为废墟，上万人在灾难中受伤或死亡。这一天是墨西哥的国难日，也是"墨西哥城最悲惨的一天"。

悲惨的日子

9 月 19 日这天，墨西哥城天气很好。清晨，天空仅有几片薄云飘

地动山摇
DIDONGSHANYAO

浮在蓝色的天幕上。上午7时，一轮红艳艳的太阳从地平线跃出，霎时金灿灿的阳光洒满了墨西哥城的大街小巷。

赶着要上班的人们，这时已经早早起床了。住在城郊的贝贝拉，是一家汽车销售公司的年轻职员，由于公司位于城中心，从城郊到公司需要近一个多小时的时间，所以，贝贝拉也早早地起床了。

7时10分，贝贝拉草草洗漱完毕之后，一手拿着面包，一手拿着牛奶，匆匆忙忙地出门了。

今天的运气真是太好了，刚刚跑到公交车站牌处，一辆直达城中心的公交车便开了过来。等车的人们蜂拥而上，贝贝拉把面包往嘴里一塞，手里拿着牛奶，不顾一切地挤上了公交车。

车启动了，贝贝拉长长地松了一口气，他背靠在车厢的扶手上，狼吞虎咽地吃起早餐来。

7时19分，贝贝拉正要喝牛奶时，突然车身猛地一震，车内站着的乘客差点摔倒在地，贝贝拉手中的牛奶盒飞了出去，白色的奶汁洒在了许多人身上。

"这家伙是怎么开车的?!"乘客们正要破口大骂，突然震动更加剧烈，车像喝醉了酒般上下左右晃动，犹如跳起了霹雳舞。而车窗外面，街道两旁的一幢幢高楼大厦像玩具一样左右摇晃。

"不好，是地震了！"反应过来的人们吓得目瞪口呆。

车很快刹住了，贝贝拉随人们一起跑出车外。

一到街道上，眼前的景象让他们感觉恐怖不已：地面在不断晃动，高楼不停倒塌，灰尘漫天飞舞，到处都是伤者，到处都在呻吟。

从没见过这种灾难场面的贝贝拉，吓得不知所措，他不知道，此时的市中心，正遭受着更加严重的灾难。

市中心，是墨西哥城建筑物最集中的地区，并且也是高楼大厦最多的地方。90秒钟的震动，使这里35％的建筑物都遭到了破坏，特别是一些十多层的高楼大厦倒塌下来，使大街上许多人被当场砸死。在

「地震灾难警示」

一些地方，大楼倒塌后，还造成煤气管破裂引起熊熊大火。

无数巨大的烟柱拔地而起，晴朗的天空下面，是一幅幅悲惨的灾难画面。

废墟遍地，人们的哭喊声响彻一片，孩子们呼唤着父母，老人们跪在废墟旁抽泣，妇女们悲痛欲绝……到处都是惨不忍睹的景象。

这次大地震震级之强，持续时间之长，受震面积之大，损失之惨重，都是墨西哥城历史上前所未有的。

受灾最重的地区，恰恰是墨西哥城的中心。这里是全城，也是全国最重要的文化、新闻、通信中心所在地。在强烈的震动中，矗立在市中心的通讯塔和长途电话台相继倒塌，使得全市乃至全国的通信突然瘫痪，墨西哥城也与世界各地中断了联系。

地震，还造成交通运输中断，地铁被迫停驶，机场被迫关闭。电台、电视台、报社被破坏，不能及时对外发布新闻。其他公共设施也遭到了严重破坏，全城停水、停电。整个墨西哥城处于瘫痪状态。

所幸的是，在墨西哥城的市中心，由于半数以上的人白天在那里上班，晚上都回到了各自的家中。因此，清晨7时许地震发生时，许多人还在上班的路上，因此避免了更大的伤亡。

尽管如此，这儿的灾情仍十分严重。据统计，地震波及墨西哥城

和墨西哥沿海的三个州，8000 幢建筑物受到不同程度的破坏，震时被破坏的工厂、商店在 1 万间以上，地震造成 7000 多人死亡，1.1 万人受伤，30 多万人无家可归，经济损失达 11 亿美元。

墨西哥城的政治家和史学家悲痛地说："1985 年 9 月 19 日，将作为墨西哥城最悲惨的一天载入我们祖国的历史。"

19 日清晨发生 8.1 级地震之后，第二天墨西哥城又发生了 6.5 级余震，之后又出现了 3.8～5.5 级的余震 38 次。

紧急救援

一趟又一趟，大巴车司机巴蒂驾驶汽车，不知疲倦地奔驰在市中心至郊区医院的路上。

巴蒂本是一家旅游公司的驾驶员，地震发生时，他正在小镇的家中休息。地震只是让他们一家人受到了惊吓，家里并没有什么损失。

地震发生后，政府紧急征集驾驶人员，巴蒂二话没说，当天就从家里出发赶到了墨西哥城。

与他一起征召的，还有几千名司机，他们都不计报酬，不辞辛苦地担负起运送伤员和灾民的任务。

为了救灾，墨西哥政府共调集了 5000 多辆交通车运送灾民和伤员，同时调集了 4000 多辆卡车不停装运瓦砾和碎石。

浩浩荡荡的车龙，在墨西哥城通往周边城市的公路上往来穿梭，让人们看到了这场救灾的希望和人性的伟大。

对灾难的救援，应该说墨西哥政府的组织是十分及时和有力的。

地震之后，大规模的救援行动很快便展开了。总统第一时间赶到了市中心。在他的直接领导下，救灾委员会很快成立，一支由军队、警察、红十字会、工厂和学校组成的 15 万人救灾队伍，带着各种工具赶到废墟前，全力在瓦砾中挖掘、寻找幸存者。

冒着余震的危险，人们用吊车吊走倒塌的预制板，并钻进倒塌的建筑物内用镐刨、用手挖，在废墟中艰难地救出一个又一个幸存者。到 10 月 10 日，抢险队员共救出 3000 多人。

同时，工人们也在夜以继日地工作着。震后仅仅两天多时间，市内水电供应、交通和通信联系便基本恢复。震后 5 天，已有几百万人返回工作岗位，城市生活开始恢复正常。

墨西哥城的强烈地震引起了国际社会的广泛关注，世界各国纷纷伸出援助之手。到 9 月 23 日，包括中国在内的许多国家和国际组织捐款总计达 3.1 亿美元，提供的救灾物资达 1250 吨。此外，许多国家还派出了救护人员赶赴墨西哥参与了救援。

震荡高加索——亚美尼亚大地震

亚美尼亚位于高加索地区的咽喉地带。

一般来说，有高山的地方，就会有地震发生。高加索山脉，是亚洲和欧洲的分界线。处于这座高耸大山下的亚美尼亚，自然也难以摆脱地震的阴影。

1988 年，一场巨大的震动摇撼了这个美丽的山地国家。巨大灾难带来的悲痛，久久弥漫在高加索上空。

灾难降临

莫斯科时间 1988 年 12 月 7 日上午，亚美尼亚第二大城市列宁纳坎市沐浴在冬日难得的晴好天气中。

地动山摇
DIDONGSHANYAO

  一大早,年轻的主妇热地娅和邻居索娜一起,准备到商店里选购商品。今天是个难得的好日子,需要购买的东西也很多。她们早早便从家里出发了。

  热地娅和索娜走进城中心最大的一家商店里,兴致勃勃地开始选购起商品来。她们一天的工作主要是料理家务:做饭、洗衣、打扫卫生、购物等。所以,走进商店的她们并不着急,而是慢条斯理地在商店的货架前走来走去,有条不紊地挑选满意的物品。

  "做午饭的时间快到了,你的东西买好了吗?"大约10点40分左右,买好商品的热地娅找到了索娜。

  "好了,咱们这就回去吧。"索娜提着满满一篮东西,和热地娅一起付了钱,走出了商店。

  两人刚刚走出商店的大门,突然,一声尖厉刺耳的声音从地底传来,呼啸声划破长空,令人心惊胆颤。

  "这是什么声音?"两人吓得花容失色,不约而同地捂上了耳朵。

  "不好,地面在摇晃!"热地娅踉踉跄跄走出几步,一下扑倒在地,而索娜也同时被剧烈的摇晃摔倒在地。

  "地震了!地震了!"这时,大街上的人们惊慌失措,四处奔逃。

  只见大地像一块面团一样,连续不断地前后左右、上上下下地晃动着。地面上出现了一道又一道的大裂缝,有些人被裂缝吞噬后,再也没能从中爬出来。

  房屋开始倒塌了。"轰隆隆"的倒塌声不时传来,大街上到处是残垣断壁,到处是碎砖烂瓦,扬起的灰尘遮天蔽日,被火烧着的房屋浓烟滚滚。

  这时,原本好端端的天气突然一下变坏。太阳躲到了黑云后面,狂风猛烈地刮了起来。整座城市飞沙走石,天昏地暗。

  地震仅仅持续了短短的30秒钟,然而,这30秒钟对热地娅她们来说,犹如30年一般漫长。30秒钟,地震便使一座鲜活的列宁纳坎

「地震灾难警示」

市,变成了一座可怕的人间地狱。

热地娅她们行走在这活生生的人间地狱里,触目处尽是倒塌的房屋、遇难者的尸体、悲惨的呻吟和哭救。在房屋倒塌的第一时间里,这座城市的许多生命便已经停止了呼吸:学校的学生被压死在课桌上,机关工作人员被砸死在办公室里,工厂里的工人被埋葬在厂房的废墟下面,家庭主妇则永远倒在了家庭居室的瓦砾堆中……

热地娅和索娜是幸运的,可是幸运的她们也经历了无数的惊吓和磨难。

当她们千辛万苦走到家所在的位置时,呈现在她们面前的是一堆废墟,那个对她们来说温馨可爱的家已经不复存在了。

"妈妈!"热地娅拼命扑向废墟,用手疯狂地在废墟上挖掘起来——她上午出门的时候,和她相依为命的妈妈还未起床!

索娜也扑向废墟——废墟下面,埋着她两岁的儿子,以及年轻可爱的保姆。

"快回来,废墟里太危险了!"人们不由分说,上去把两个可怜的女人拉了回来。

这时,不幸的消息再度传来,热地娅和索娜的丈夫,都在单位遇难了。

两个女人脚一软,立时昏了过去。

这一天,对这两个女人来说,是一生永难忘却的日子:她们都失去了所有的亲人!

不只是她们,整个列宁纳坎市都经历了一场罕见的大劫难;不只是列宁纳坎,整个亚美尼亚都经历了一场史无前例的大灾难。

在这场 7.1 级的强烈地震中，列宁纳坎市五分之四的建筑物被摧毁，整座城市基本成为一片废墟。与此同时，距震中仅 20 千米的斯皮塔克城更是受灾惨重。地震还严重破坏了遍及约 1.03 万平方千米内的乡村地区。据官方公布的数字，共有 10 万人在地震中丧生，50 多万人无家可归，经济损失高达 1000 多亿卢布。

列宁纳坎地震造成的巨大损失，使之成为 20 世纪里屈指可数的几次重大地震灾难之一。

地震谣言

这次地震救援，应该是说十分及时和有效的，但在地震之后的灾区，还是有各种流言蜚语不断传播，使人们本来就已十分脆弱的神经，变得更加脆弱。

一天，许多人正在埃里温火车站候车室内候车。突然，候车室的扩音器里，传出一个十分恐慌的喊声："地震又来了！大家赶快跑啊！"人们不明就里，赶紧起身往外就跑，有些跑得慢的，被后面的人推倒在地，踩得"哇哇"大叫。结果，大家跑出门后，才发现是虚惊一场。原来，当时播音员正准备播音时，后面的同事不小心碰了桌子一下，播音员感觉桌面震动，以为是地震又发生了，于是赶紧通知大家逃跑，导致了一场虚惊。

还有一天，几百亚美尼亚人集中走到尚是一片废墟的列宁纳坎街头，高喊口号示威游行。原来，有人传说，政府准备把地震中失去双亲的孤儿强行送到俄罗斯。听说这些可怜的孩子将永远告别故土时，亚美尼亚人十分气愤，他们立即走上街头示威游行，以示抗议。结果，事实并非如谣言所说。

谣言，仍在地震之后的列宁纳坎继续流传。过了几天，一个更加令人心惊胆寒的消息传来，有人说亚美尼亚核电站受到地震破坏，放射性物质大规模泄漏,切尔诺贝利核电站悲剧将在亚美尼亚重演……人们惶惶不可终日,有些灾民甚至连夜逃往他乡;一些工厂、企业的工人轻信流言也不敢上班。

为了澄清事实,制止混乱,顺利开展救灾工作,当局采取了果断措施,拘捕了一批闹事者,混乱的局势才逐渐平稳下来。

这场大地震,留给人们很多的思索和教训,特别是亚美尼亚的人们,更是时刻不忘地震教训,他们修建了地震警示馆,警示后人要永远警惕地震恶魔。

高原巨震——印度大地震

印度的北部,是全球海拔最高的山脉——喜马拉雅山。印度洋板块和亚欧板块撞击的结果,使得"世界屋脊"青藏高原高高隆起。直至今天,喜马拉雅山仍在以每年几厘米的速度"生长"。

有这样的背景,印度自然也难逃地震的厄运。1905年,印度北部一个叫坎格拉的地方,便遭遇了强烈地震的袭击。

怪云

坎格拉,是印度北部喜马偕尔邦人口最稠密的地区,这是一个抬头就能看到皑皑雪山的地方。

1905年4月4日,这一天将注定成为坎格拉的悲惨之日。

清晨6时,整个坎格拉地区还处在一片甜美的酣睡之中。由于这里位置相对偏西,所以清晨6时这里的天空才刚刚晨曦初露。灰蒙蒙的天空中，东方的位置出现了淡淡的鱼鳞白，几片奇怪的云横过天空，云的尾部垂直指向坎格拉所在的方向，像几把尖刀直插坎格拉，并且，非常奇怪的是，这几片云竟然有些许淡淡的粉红色。

天空这一奇怪的现象，当时很多当地人没有看到。因为以农业为主业的坎格拉人，夏季要做的事情实在很少很少，他们的主要工作，就是每天到地里除除草，捉捉虫，然后幸福地看着庄稼生长。所以，他们没必要在6时便早早起床。

不过，还是有起得很早的当地人，这便是寺庙里的僧人。僧人们一般都养成了早睡早起的良好习惯，特别是那些修行很深的高僧，他们的睡眠相对更少，起床的时间相对更早。

清晨6时，便有这么一个寺庙里的高僧，他起床后先是锻炼了一会身体，然后习惯性地抬头看向天空。他看天空的目的，是想通过看云，判断一下今天的天气如何。

他这一抬头，便看到了那几片奇怪的云。

应该说，在长期看云识天气的过程中，他见识过各种各样奇形怪状的云，哪种云代表哪种天气，哪种云会下雨，哪种云会刮风，他通过长期总结，已经能够根据这些云的形状和颜色，做出较为准确的天气预报。

可是，今天云的形状，他几十年来从没看到过。

"这云的形状为何这么奇怪？"这个高僧喃喃地自言自语。不过，他当时只是奇怪了一下，并没有把云的出现和地震相联系起来，所以他看完云后，便优哉游哉地走了，并慢慢踱进屋里，和大家一起吃起早餐来。

实际上，这天清晨天空中出现的云，就是令人望之色变的地震云。只是地震云出现的时间实在太少太少，所以咱们的高僧也没能辨别出来。

没能辨别出地震云，后果是相当严重的，早餐刚吃了一半，地面突然震动，房屋同时剧烈摇晃起来。

地震发生了！

「地震灾难警示」

香客的悲剧

　　这次地震强度之大,超出了常人的想象,虽然震动持续时间很短暂,但造成的危害却十分严重。

　　仅仅在几秒钟的时间内,坎格拉地区的大部分房屋便被震垮、倒塌。不但那些抗震性能差的土坯房在第一时间遭到毁坏,就连当时世界上最古老的寺庙之一——波旺庙也被震塌了。

　　在当时的坎格拉,寺庙是神圣的地方,人们宁愿自己忍饥挨饿,也要将钱捐给寺庙。因此,寺庙可以说是当地最富裕、最有钱的地方,寺庙的建筑也是最宏伟、最牢固的建筑。这其中,波旺庙可以说是众多寺庙中的佼佼者。波旺庙历史悠久,建筑宏伟,历经千年而不倒,可以说已经证明了它的牢固性。

　　可就是这样牢固的寺庙,也在这次地震短短的几秒钟之内,成了一堆废墟,并导致了重大伤亡灾难。

　　之所以会导致重大伤亡,是因为当时的波旺庙里,住着很多香客。

　　由于波旺庙历史悠久,名气很大,远近闻名,因此,很多人从很远的地方经过长途跋涉,十分虔诚地来到这里,以祈求护佑。

　　这些远道而来的人,不可能都住在旅馆里面,在寺庙借宿,是他

们最理想的选择,这样一方面可以节约费用,另一方面也可以朝夕膜拜。据估计,当时庙里的香客至少在 3000 人以上。

众多的香客们,是不可能像家里一样睡在床铺上的,他们只能在寺庙里打地铺,也就是在庙里的地板上,铺上草席倒头便睡。因此,可以说这里相当的拥挤,这也是地震袭来时,大多数人无法迅速逃跑的原因。

此外,还有一个重要的原因:清晨 6 点正是睡觉的好时机,当时香客们大都还沉浸在梦乡之中。

强烈的地震袭来了,香客们从睡梦中惊醒,可短短的几秒钟时间,好多人根本来不及反应,寺庙便开始崩塌了。

鲜血染红了寺庙,大约有 2000 名香客被倒塌的巨大建筑体当场压死。这些千里迢迢赶来祈求护佑的人们,就这样送掉了自己宝贵的生命。

只有为数不多的人逃了出来,还有一些人被埋了废墟下面,他们呻吟和呼救的声音惊心动魄。直到几天之后,废墟下的人才得到了救援。

这场 8.6 级的地震,震源深度 60 千米,使坎格拉地区成了一片废墟,1.9 万人被压死在倒塌的房屋里面。地震还波及达兰萨拉、纳加、苏尔敦波、苏去特以及曼狄等地区,受到震动的地区面积估计达到了 400 万平方千米。

幸存下来的人们,记忆中永远刻下了灾难的阴影。

这场地震,对居住在高原河谷地带的人们如何加强防灾,是很有启发的。

奇迹之震——美国大地震

你看过电影《洛杉矶大地震》吗?这部美国人拍的灾难片,让我们看到了惊心动魄的地震灾难场面，感受到了大自然狂暴时的可怕和可畏。

这部电影，除了情节有些虚构外，地震事实完全真实。它就是发生在1994年1月17日的洛杉矶大地震。这场大地震，也是一次遇难人数最少的奇迹之震。

梦魇时刻

1994年1月17日凌晨，繁华的洛杉矶在结束了一天的喧嚣之后，沉入了静谧安详的梦中。

凌晨4时31分，酣睡中的人们，突然被一阵剧烈的震动惊醒了。

35岁的托德，是美国《人物》周刊洛杉矶分部的记者，他亲历了这场可怕的灾难。

当时"轰隆"一声巨响之后，他家的床猛地摇晃起来。

"怎么回事？"他和妻子几乎同时从睡梦中惊醒过来。两人在黑暗中大睁着双眼，惊恐地判断到底发生了什么。

仅仅几秒钟之后，一个念头便如电光火石般闪过他们的脑海：地震了！

托德一个激灵，伸手去开床头的灯，然而灯没有亮。他迅速从床上爬起来，准备去开房间的大灯。

这时整个房间都在摇晃，特别是地板晃动得十分厉害，踩在地板上，他感到头晕目眩，身体失去平衡，差一点摔倒。好不容易扶着墙，刚刚把身体站直，这时内墙突然倒了，墙体重重地砸在他的背上。

"托德，你怎么样了？托德，你说说话啊！"身后的妻子，焦灼万分地哭喊起来。

"我没事！"托德费力地把身上的墙体推开，站了起来。

这时，屋里的晃动更加剧烈了。玻璃破裂了，"噼噼啪啪"的声音令人心惊胆颤，这里家具互相的撞击声，以及地板和墙壁的错位声混合在一起，听起来十分可怕。

两人沿着墙根，准备爬到窗户时，突然搁放在窗户旁边的钢琴重重倾倒在地，发出杂乱的响声。两人差一点被砸着。

"黑暗中的一切无法目睹，只有浩劫的恐怖之声撞击着耳膜，这是我和妻子一生中从未经历过的可怕噩梦。"托德在回忆那场灾难时这样写道。

而住在圣费尔南多谷北岭地区的居民，经历的场景更为可怕。

北岭，是这次地震的震中。有一个名叫于宝玲的华裔，当时便住在北岭地区。

睡梦之中，她同样听到了一声巨响。响声是如此的可怕和恐怖，第一时间从睡梦中醒来后，于宝玲的第一感觉，是哪里的军火库发生了爆炸。

她还来不及做出任何反应，房屋便剧烈抖动起来，床的摇晃更加猛烈。惊慌之中，她感到自己的身子在床上被重重地抛了起来。"啊！"她吓得尖叫起来，不过还未等她的声音结束，身子又重重地落了下去。一阵钻心的疼痛在身上蔓延开来，但她顾不上伤痛，赶紧起床，摸索着朝门口爬去。

黑暗之中，房间里所有的东西都在摇晃，各种各样的声音混合在一起，嘈杂而恐怖，就像几十个发脾气的人在乱摔东西泄愤。

不停有东西砸在身上，她的头上、胳膊上、肩膀上已经被砸出了一条条伤口，鲜血汩汩直流。她一次次地摔倒，又一次次地爬起。所幸的是，房屋始终没有倒塌，这使她在经历了"仿佛几个世纪的艰难跋涉"之后，终于用颤抖的手打开了房门，并跌跌撞撞地冲出房间，来到了相对安全的大街上。

这场6.6级的大地震，使大地出现了持续30秒的震撼，造成了大约11000多间房屋倒塌。

「地震灾难警示」

断桥惊魂

这场大地震，造成了震中 30 千米范围内的高速公路倒塌或毁坏。

地震发生后，从倒塌的房屋中逃出的洛杉矶市民杰弗森一家，准备驾车到邻近的小镇去投靠亲友。

凌晨 5 点多，杰弗森开着自家的小轿车，带着妻子和两个孩子，一家人惊魂未定地离开洛杉矶，朝小镇方向出发了。

与他们一样，也有人驾驶自家的汽车逃难。他们的前面，就有一辆红色的小轿车。

车灯照耀的路面十分破烂，杰弗森小心翼翼地打着方向盘，他的妻子和孩子们则紧张地看着前方。

"啊呀！"剧烈的颠簸，让孩子们不时发出阵阵痛苦的叫声。

最初的一段难路驶过后，汽车开上了相对较好的路面。终于可以加快车速了，杰弗森加大油门，让自家的车紧紧跟着前面那辆红色的轿车。

开了不到两分钟，前面的路面突然出现了一道道明显的裂纹，同时，那辆红色轿车不见了。紧接着，从汽车消失的地方，传来了汽车主人撕心裂肺的恐怖叫声。

原来，前面的高架桥出现了断裂，那辆冒失的红色轿车一头冲了下去，摔得粉身碎骨。

杰弗森的大脑顿时一片空白。

"赶快刹车！"妻子吓得惊叫起来。

杰弗森狠踩刹车，汽车发出尖厉刺耳的声音，但汽车在巨大的惯性作用下，仍向前面的断桥滑去。

"啊！"杰弗森和妻子脸色大变，两个孩子吓得赶紧蒙住了眼睛。

一米、两米、三米……汽车终于在距离断桥五米远的地方停了下来。

"上帝！"杰弗森一家长长地松了口气。

"赶快下车！"杰弗森突然想到什么，他猛地拉开车门，让妻子和两个孩子立即下车。

妻子和孩子们不知发生了什么，吓得赶紧从车上下来了。

"赶快闪到路边！"杰弗森拉起两个孩子，和妻子一起跑到路边。

一家人还没站稳，这时，后面一辆车发出刺耳的刹车声，已经呼啸而至。

"呼"的一声巨响，这辆车撞在杰弗森家的车上，硬生生地将他家的车撞到了断桥之下……

此次地震，直接和间接造成了62人死亡，9000多人受伤，25000人无家可归。

一次场历史上罕见的大地震，仅仅死亡几十人，这不能不说是一个奇迹！

据事后分析，这次地震之所以死亡人数很少，应该要归功于洛杉矶地区具有良好防震功能的建筑物。原来，洛杉矶是一个地震多发地区，当地政府和人们在该地多次发生地震后，树立了较强的抗震意识，在建造房屋时，大都采用木质结构，并植根于坚实的岩层中，依山势而布局，所以当地房屋的抗震性能非常优越，在发生地震时能够避免倒塌，从而大大降低了伤亡人数。